# 柔韧力

［日］渡边淳一 著

毛必跃 译

青岛出版集团 | 青岛出版社

山东省版权局著作权合同登记号 图字：15-2017-237 号

**图书在版编目（CIP）数据**

柔韧力 /（日）渡边淳一著；毛必跃译 . — 青岛：
青岛出版社 , 2023.5
ISBN 978-7-5736-1020-1

Ⅰ . ①柔… Ⅱ . ①渡… ②毛… Ⅲ . ①人生哲学—通俗读物
Ⅳ . ① B821-49

中国国家版本馆 CIP 数据核字（2023）第 067230 号

| | | |
|---|---|---|
| 书　　名 | ROUREN LI<br>柔韧力 | |
| 著　　者 | [日]渡边淳一 | |
| 译　　者 | 毛必跃 | |
| 出版发行 | 青岛出版社 | |
| 社　　址 | 青岛市崂山区海尔路 182 号 | |
| 本社网址 | http://www.qdpub.com | |
| 邮购电话 | 0532-68068091 | |
| 策　　划 | 杨成舜 | |
| 责任编辑 | 初小燕 | |
| 封面设计 | 末末美书 | |
| 照　　排 | 青岛新华出版照排有限公司 | |
| 印　　刷 | 青岛新华印刷有限公司 | |
| 出版日期 | 2023 年 5 月第 1 版　2024 年 3 月第 3 次印刷 | |
| 开　　本 | 大 32 开（890mm×1240mm） | |
| 印　　张 | 5.5 | |
| 字　　数 | 102 千 | |
| 印　　数 | 20001-27000 | |
| 书　　号 | ISBN 978-7-5736-1020-1 | |
| 定　　价 | 39.00 元 | |

编校印装质量、盗版监督服务电话　4006532017　0532-68068050

本书建议陈列类别：日本·畅销·随笔

# 前 言

我以前是一名医生，在札幌医科大学附属医院从医十年。之后弃医从文，成为一名作家。在这期间，我跟形形色色的人打交道，可以说阅过人间百态。一直以来，我对人类进行着反复的思考。结果我发现，在人类体内潜藏着两种东西，一种取得了显著进步，另一种基本上没有进步。

那么，什么东西取得了进步呢？所谓的理智或理性，包括在学习并能掌握的领域里的东西，这些学问性质的东西日新月异地变化着。与此相反，欲望、感性乃至爱情和性爱范畴的东西则基本上没有进步。

有时候有人会发出如下感慨：

"现代文明取得了如此显著的进步，人们却依然在反复争吵，说些无聊的话，比如喜欢你啦，讨厌你啦，原谅啦，不原谅啦，等等。难道就不能进步吗？"

但是，我认为，正是这种反复无聊的争吵，这种没有进步的地方，才是人类的本性或者说有人情味。好坏姑且不论，人之所以为人，正是因为有人性。

实际上，如果剔除这部分，人类的心情和行动，将完全由理智和逻辑进行说明和驾驭。那样也许能够带来便利，但这样一来，人将完全等同于机器人或者电脑。换句话说，人之所以为人，正是因为有这种不进步的领域存在。希望大家首先牢牢记住这一点。

我想在这本书里，一边瞄准人类的这种特质，一边从显著变化的现代医学、男女的理想状态以及晚年的生活方式出发，对于如何把握好这些、如何好好生活，尝试着进行思考。

渡边淳一

# 目 录

# 第一章
## 柔软的感性与坚硬的理性

一个浪头打来，

崩塌的东西和不会崩塌的东西截然不同。

我们不要忘了，

二者是同时存在于人的内心的。

## 二十一世纪是一个"危险"的时代

我认为，二十一世纪是人类历史上科学文明和自然科学最发达的时代。因此，别说一千年前，这在一百年前、五十年前都无法想象。随着新时代的来临，我们周围的一切都发生了变化，一切都变得便利了，价廉物美的东西呈泛滥状态。

科学文明日新月异，这的确是惊人的进步。其特点是在前人业绩的基础上积累新知识，当然是只会进步不会退步。

但是，不要忘了，我们身上还有一些尚未取得明显进步的东西。比如人类的感性世界，包括美与艺术、感情与情绪等东西。这些东西与自然科学截然不同，是根据每个人的体验和感性积累起来的，也可以说是只能够存在一代的东西。因此，无论多么杰出、人格高尚的人，其子女也未必能够成为同样优秀、高尚的人。尽管教育和环境能够带来影响，但基本上每一代人都是从零开始。

我们不要忘了，这些进步的东西与只存在一代的东西，两者是混在一起的，重要的是要明辨其中的差异。

科学文明的进步举世瞩目，所以我们往往觉得自己也进步了，这是不对的。

如今，人们总是竭力追求世界和平以及博爱、平等这类东西，深信这些是最好的。当然，这是无可厚非的。但是，人是一种"进步的生物"，为了实现理想而积累知识。同时，人也是一种"活生生的生物"，拥有憎恨、嫉妒以及愤怒这些朴素的情感。如果不能冷静且谦虚地接受这一事实，只专注于现代社会的理想和主义，那么现实与本质之间会出现巨大的差距，这会给生活在现代的人们带来巨大的精神压力。

可以说，二十一世纪是一个"危险"的时代吧。

## 唯有科学在持续进步

进步的东西与不进步的东西，对两者再深入研究一下的话，首先会发现进步的东西基本上是在前人业绩的基础上积累起来的，这是它的特征。

比如，几百年前，人类就希望像鸟一样在空中飞翔，并进行了各种各样的尝试。

最初，人们爬到山上，张开双手希望像鸟一样飞翔，但是那样是飞不起来的。于是，人们发挥聪明才智，尝试着像鸟一样在两只胳膊上安上巨大的翅膀，但是不够灵巧；接着，试着在头上悬挂气球。这些均以失败而告终。根据这些知识，下一代人发明了滑翔机和飞艇，然而，当时的滑翔机在无风的情况下很难起飞，即使飞起来也飞不远。因此，人们就想，把滑翔机加大，再安装上发动机和螺旋桨，会怎样呢？后来，人们研制出了螺旋桨飞机。

　　就这样，在前人研究的基础上，不断补充各种知识，逐渐取得进步。不久，就从大型螺旋桨飞机研制出喷气式飞机，甚至还研制出超音速飞机。这确实是取得了显著的进步。

　　如上所述，飞行技术取得进步的重要原因是前人接连不断地积累业绩。在自然科学领域，只有进步，没有退步。

　　人类又称"智人"，意思是"有智慧的人"。人类位居动物界进化最高级的灵长类的顶端，是万物之灵。

　　与其他动物相比，人类的特征在于理性，或者说能够进行逻辑思考，应当说这是人类最值得自豪的天赋。而且，在前人的理论基础上，后世的人具有进一步创造业绩的能力。可以说，归功于这一点，现代文明或者说科学文明取得了显著的进步。

## 爱和感性只能存在一代

但是，我们不要忘了，在人类的思维和行动中，尚有一些东西完全没有进步。

这种不进步的东西最典型的代表就是"感性"。

比如，看见美丽的鲜花和璀璨的夜空，会产生一种美感。无论是绳文时代的人、平安时代的人，还是现在的我们，我认为在这方面都是相同的。还有，去埃及看到金字塔的壮美，如今的人们也会情不自禁地为之动容。在过去公认的美人脸，现在看起来依然是美人。总而言之，认为美丽、漂亮的这种感觉几乎没有变化。

广义上的美学、感受能力和感动这类东西，在三千年、五千年的历史长河中，是不会变化的。尽管在不同的历史时期，有喜欢肥胖女性的，也有推崇苗条女性的，存在着这种风俗的变迁，然而审美的基准点几乎没有变化。

与审美意识一样，爱情和性爱也完全没有变化。距今一千年前爱一个男人或爱一个女人的那种恋慕之情，以及再次见面的喜悦之情，或者说嫉妒、憎恨之情，这些爱憎情感，今人也好，古人也好，都是一样的。实际上，正因为如此，那些描写男女陷入爱憎深渊的小说基本上不会过时。

与时代紧密联系的小说，比如以冷战时期美苏对立为背景的谍战小说《007》，还有那些过于热衷技术的小说和电视剧，现在已经过时了，基本没有兴致继续阅读和观看了。

与此相反，由于男欢女爱这种情感本身并无进步，即使是旧时代的男女小说，读起来也丝毫没有违和感。比如写于一千多年前的《源氏物语》，尽管不清楚当时平安贵族的生活背景和实际情况，但读起来也是饶有兴致、甚是感动。这正是因为男女的爱憎情感是亘古不变的。岂止如此，普遍认为，当时的人们对于爱情就不用说了，对于大自然也是富有情感的。相反，如今的人们由于征战杀伐，或许在感性方面变得迟钝了。

那么，关于爱情，不要忘记一点，这东西如不进行体验是感觉不到的。一个男人或女人，要想逐渐理解爱情，首先必须有感性。如果未曾体验的话，是难以真正理解的。因此，没有谈过一次恋爱、没有一次性生活的女人或男人，基本上不能探讨爱的话题。即使谈论起来，也是空想出来的，缺乏真情实感，难以让人信服。

一个女人与一个男人交往并喜欢上那个男人，这是每天都在发生的事情。觉得交往的男人很优秀还是蛮不讲理，这因人而异。对于结婚，有的人觉得很幸运，有的人觉得很后悔，懊恼自己怎么能干这种蠢事。之后，也有改变想法的吧，觉得那是一种误会啦，或者觉得就这样凑合着过吧。所谓爱就是这样一种东西，在体验中积攒感情并逐渐加深感情。

在这里，重要的是，男女之爱可以说是只存在一代的智慧。一个人出生时啥也不懂，进入青春期后，对异性比较关心，与异性交往并体验，通过此时的感受，产生各种各样的感觉，从而逐渐成长起来。而且，通过结婚生子，多少了解到爱是什么，结婚是什么，亲子关系是什么。这个时候，他开始面临着衰老和死亡。

比如，我根据自己的人生经验，多少明白男人与女人是这么一回事。尽管如此，也不能将这些百分之百地传给孩子。孩子是孩子，一切从零开始，长大后对异性的兴趣增加，经过相应的体验，男人是这样子的，女人是那样子的，结婚是这么一回事，一点一点地有所了解。而且，在他认为搞清楚了的时候，他也面临着死亡。

进一步讲，这个孩子即使生了孩子，他的孩子也只能通过自身体验来理解。因此，所谓爱情这个东西，只能算是存在一代的智慧。所谓爱情就是这样一种东西，所谓男人和女人就是这样一种关系，所谓做爱就是这么一回事。做父母的即使把这些像科学知识一样通过各种方式传下去，也是没有多大意义的。与其如此，不如让孩子自己去体验，去感受，去理解。

实际上，男孩子即使预先阅读了好几本有关描写女性的书籍，对女性的生殖器及其周围的样子进行了死记硬背，但关键时刻什么也做不了，只能浑身哆嗦且不知所措。做这种事情到底还是比不过体验过的人。光有一些知识是不行的，这不是一个靠读书就能弥补得了的世界。

爱情这种只能存在一代的智慧，打个比方说，就像在沙滩上堆积起来的泥沙楼阁那样的东西。尽管那是通过聚集沙子慢慢堆积起来的，但一个浪头打来，"唰"的一声就被冲走了，很容易崩塌。儿子也会建造属于自己的楼阁，但一个浪头打来也会立即消失。

与此相反，像自然科学那种在前人的业绩基础上积累起来的东西，不会像沙子那样流失，它作为一种确定的、可靠的东西实实在在地积累起来。一个浪头打来，崩塌的东西与不会崩塌的东西截然不同。我们不要忘了，二者是同时存在于人的内心的。


## 爱憎一如往昔

与爱情一样，情绪以及感情这些东西也是只存在一代的智慧。一个女孩子或者男孩子，萌生了自我意识，与各种各样的人接触之后，产生好恶，产生爱憎，有时甚至会心生强烈的厌恶或憎恨。

当然，友情啦，博爱啦，骨肉亲情啦，呈现出美好的一面，我们有机会感受到。遗憾的是，这些都是只能存在一代的东西，是不会进步的。在一代人中构建，在一代人中消失。即使百般受教，也不能永久掌握。

取而代之的，是被当前感情支配的被称作好恶的所谓的原始感情。喜欢还是讨厌，这些东西基本上是不会进步的。不管现实中的科学文明如何进步，好恶、爱憎这些东西，与一千年前、两千年前的人们所拥有的处于同一水平，如今也在人们当中延续。

一般认为，人道主义以及博爱这些东西，一千年前也好，两千年前也好，可能每个人都在头脑中进行了描绘，并孜孜以求。大家要和睦相处，要对穷人伸出援手，这些是每朝每代的人们都在思考的事情，这种思想古往今来几乎没变。

如上所述，只要爱憎、好恶等原始的感情没有进步，暴力事件就会发生。如同昔日日本的暴力事件一样，拿刀砍向仇人，甚至杀死仇人，这种事情会发生。从初期的拳打脚踢，到发明刀枪，进一步给对手造成伤害，不过，事件的次数以及死伤者的人数依然是有限的。

如此看来，我们体内总是潜藏着感情这种无法进步的东西。我们往往高估现代理性主义，因为接受了以往不可想象的高等教育，深信自己能够成为非常优秀的人。但是，不应该忘记，人就是一种原始生物，撕掉伪装，唯有普通的爱憎，很容易被感情俘虏。

人就是这么一种生物，充满爱心，但同时隐藏着可怕的情感。


### 道理解释不了的东西

文学作品尤其是小说，一言以蔽之，描写的是人身上理性和智慧控制不了的东西。广义上的科学，可谓是属于学问领域，在逻辑和道理上能够进行解释。但是，所谓小说，是一种探寻潜藏在人体内无法用道理解释的东西的作品，这是文学的本色。

曾经有人问我：男女小说应当描写什么？对此，我回答：描写的是"男人与女人之间存在的、无法用道理解释却有现实感的东西"。道理上能够解释的东西，可以交给评论或者论文。所以，小说描写的是探寻无法用道理解释的东西的过程。

具体来说，有一个男人，他出身名门望族，还是美男子，毕业于名牌大学，前途无量，所以我喜欢他。这种情况在小说中是不会描写的。为什么呢？因为这太符合逻辑，也太容易理解了。

那么，要写什么样的东西呢？那个男人有点粗野，以前好像存在一些问题，父母反对我与他交往。我多少也有些担心，但是现在非常喜欢他，离不开他了。如果是这样一种关系的话，也许会在小说中进行描写。我觉得小说家会动心。为什么呢？因为这里潜藏着无法用道理解释的人的魅惑的部分。

我认为，男女小说最想表现的，就是这种永远持续的非理性的东西，是人自古以来所孕育的极具人性的部分，应该对这些进行描写。因为是人的不可理解的、有魅力的地方，小说才进行描写，在逻辑上能够说明的东西就不是小说所描写的了。

在我的早期作品中，有一本叫《冬日花火》，内有对中城文子一生的描写。中城文子与寺山修司同时期，如彗星一般出现，三十一岁因患乳腺癌去世。在她的作品中，我喜欢下面这首：

夜枭蝌蚪鲜花爱情

同栖息

吾之女儿身哟


这就是说，在"我"的体内，潜藏着像夜枭、蝌蚪那样的稀奇古怪的魅惑的东西。同时，也栖息着鲜花与爱情。总之，意思就是说，在"我"这样一位女子身上，有令人自豪的爱情丰富的优点，也有像夜枭和蝌蚪那样，不知道什么时候变成啥的、来历不明的东西。正是拥有这两个方面，才造就了"我"这个女人。这首和歌可以说是中城的自我凝视，从中可以看出中城目光的敏锐和内涵的丰富，同时鲜明地描绘出人这种生物的本质。

与这首和歌所讲的一样，我们拥有进步的与不进步的两个方面的东西，这才是一个人，即使在二十一世纪也是一样，不会变化。

我们处在科学文明的鼎盛时期，容易产生错觉，觉得自己比一千年前、两千年前的人高等、优秀。但是，进步的仅仅是被称作科学的东西，人类的原点可以说完全没有改变。

换言之，在人类这种生物中，取得显著进步的东西与未取得显著进步的东西是永远共存的，这是思考人类的基础，希望大家不要忘记。

第二章

# 钝感的才能需要坚韧的品格

钝感是一种才能。

培养这种才能，

并将其发扬光大，

必须有积极意义上的迟钝、坚韧的品格。

## 压力与疾病的关系

"健康"越来越受人们关注。怎么做才能健康呢？谈起方法论，似乎很多人会说很难。我认为，实现健康的要点，概括成一句话，就是竭尽全力让全身的血液流通保持顺畅。

重要的是血液不要淤积，顺畅地流动。如果血液总是在全身畅通无阻地流动的话，人就不会生病。反之，如果血流阻塞的话，人就会不健康。我认为，简单地说健康状态、不健康状态，就是这么一回事。

在这里，有一点希望大家了解一下，那就是塞里埃的精神压力学说。汉斯·塞里埃是一名加拿大医生，他的精神压力学说在普通人中也是一个重要话题。这个学说通俗地讲，就是说精神压力是患各种疾病的原因。

塞里埃博士给予大黑鼠和鼷鼠等各种刺激。比如寒冷啦，关在暗处啦，不停地用棍棒戳啦。持续不断地受到各种各样的刺激，这些老鼠一直处于烦躁不安的紧张状态，身体出现局部障碍。比如，由于精神紧张，胃黏膜的血液流通不畅，血管堵塞，黏膜变坏，出现了溃疡。也就是说，事实证明了精神紧张能够导致胃溃疡。

在此之前，一般认为胃溃疡是由暴饮暴食引起的，是持续地胡吃海喝导致了胃溃疡。但是，事实并非如此。精神压力也能导致胃溃疡，人们逐渐明白了这一点。这在当时的医学界是一项划时代的研究，后来塞里埃因这项研究获得了诺贝尔医学奖。


### 与讨厌的男人喝酒不会醉，是受血流的影响

我们的身体，特别是血管，受到神经的影响很大。解剖人体看看就非常清楚了，不管什么样的血管都伴随着神经并受到它的影响。神经系统由交感神经和副交感神经组成，控制着血管，非常容易受到精神的影响。神经放松或紧张，会导致血管张开或闭合，血液流通顺畅或不顺畅。

具体来说，经常承受精神压力的人，其血液流通容易不顺畅，血管变细，无法为末端组织提供充足的氧气和其他养分。这种状态如果长期持续下去的话，血管末端的组织就会受损。

举个简单易懂的例子来解释这一事实。喝酒的时候人非常紧张，或者在寒冷的地方喝酒、与讨厌的上司以及同事等一起喝酒，这些情况下人很难喝醉。这是因为口腔里的血管和胃壁的血管同时收缩，酒精不易被吸收。女人如果觉得这个男人很讨厌而跟他喝酒的话，酒精是不容易被吸收的，所以不容易醉。

但是，如果对方是自己喜欢的男人，就会彻底放下心来喝，所以很快就醉了，有这种经历的人应该不少吧。这是因为毫无戒心了，血管舒张了，容易吸收酒精了。

首先是在精神放松的状态下，而且是在暖和的地方，血管会扩张。如果周围很暖和，出了汗，血管就会进一步扩张。相反，在寒冷的地方血管收缩，是为了防止热量散失。这是自然规律。在寒冷的环境中，压力、焦虑和恐惧都会使血管收缩。因此，人在恐惧时脸色会变得苍白。

即使喝很少的酒，喝法不同，反应也会有很大的区别。年轻人血气方刚，没有钱多喝酒但想快点醉的时候，喝一杯烧酒就拼命跑步。有人会在跑出一百米后扑通一声摔倒在地，这是由于跑步时血管扩张，人因快速吸收酒精而眩晕。

同样，在家里温暖的房间里，身心放松，没有任何可担心的事情，这个时候喝酒很快就会醉了。还有，有人曾经做过实验，泡澡的时候喝酒最容易烂醉如泥。这也是全身温热、血管扩张所致。药也一样，比如说感冒药，在洗澡后服用会被很好地吸收。

总之，根据精神状态，血管时而扩张时而收缩，心情的变化给血管带来的影响出乎人们的想象。因此，为了让血管扩张，血液流通顺畅，要全身心放松，心无挂碍，这种状态是合乎理想的。


## "病"也是"心病"

"心病"这两个字非常巧妙地表达了意思，有些疾病的确是由过度的精神疲惫导致的。人因为心情不同，会患病或不患病。换言之，常常被精神压力困扰的人，容易患病。

在这里，有一点不能误解。一般来说，很多人认为被时间追着跑的人、忙于工作的人精神压力大，容易生病。然而，未必就能如此断言。

我认为，将精神压力这种东西理解为忙碌是不正确的，事实并非如此。精神压力是指精神上不愉快，有烦躁情绪，这样考虑的话就容易理解了。问题是忙碌给精神带来什么样的影响，如果是高兴有干劲的那种忙碌，就不会感到痛苦。

实际上，有人即使很忙碌也很健康，不怎么得病。最典型的就是被称为"独裁者"的社长，他们每天忙忙碌碌，几乎每时每刻都在工作，尽管如此却依然精力充沛。这是为什么呢？因为忙碌并没有让他们不愉快，而是让他们很快乐。"你先干这个，再干那个。"只要这样安排，让工作顺利开展，他们就不会有精神压力。

相反，也有这样一种情况，那些表面上看起来相当空闲的人，承受着很大的精神压力。比如那些被称作公司"窗际族①"的人，他们很悠闲，然而每天必须去公司上班。而且，上班后，同事以及以前的下属用这样的眼光看他们——他们是"窗际族"。即使想干些工作也难以开口，只能无奈地看报纸。这种不得不勉强消磨时光的状况，对他们来说是一种难以忍受的煎熬。特别是以前有一定地位的人，地位越高承受的精神负担越重。

曾经积极紧张工作的人，退休后精力和体力大多会变弱，也是同样的原因。他们觉得没有可以充满干劲地工作的地方了，这种失落感导致精神压力出现。待在家里，想着哎呀去公司吧，却发现已不需要再去。想着做点其他的事吧，却又无事可做。这就带来了精神压力，就会损害他们的健康。

无论怎样忙碌，只要是有价值的忙碌，就不会让人生病。相反，无论怎样悠闲，希望渺茫的空闲就会让人生病。

那么，怎样做才能避免感受这些负面压力呢？

我能立刻想到的是，不要担任那种会导致恶劣精神状态的职位。年轻的时候，因为无论如何都是地位低下，那也是没有办法的事情。但是，应当尽快谋取有价值的职位，保持心情愉

① 窗际族：受冷遇的公司职员，他们在办公室一般都挨着窗坐。

快。尽管需要些许溜须拍马，但也请谋取干工作能保持好心情的职位吧。如果考虑到这也是为了健康的话，也许在某种程度上就能接受了。

## 为了从压力中解放出来

虽说都是没有精神压力的职位，但为了在公司里不感觉到精神压力，也必须谋取适合自己的理想职位。但是，并非所有人都能顺利地得到理想的职位。虽然努力了，但是必须忍受不满意的职位的时候怎么办呢？这里最重要的是，在积极意义上、在精神上变得迟钝。

尽管挨着窗坐受冷遇了，但不要认为大家都看不起自己了，也不要觉得无工作的状态是令人痛苦的。应当改变想法，因为以前没有机会得到这样的空闲，可以趁机放松一下，或者利用这个时间做点别的事情。不管别人怎么想都要满不在乎，保持好自己的节奏，培养精神上的钝感。

在现代社会中，在所有领域都要与人接触，这种人际关系是产生精神压力的根源。如何处理好人际关系是个问题，但基本上也就是保持乐观主义，性格开朗，积极向上。这是不可或缺的。

比如，即使受到一点责备也不消沉，要具备这样的性格。

偶尔被上司狠狠地训斥了也要丢之脑后，第二天照样能够充满活力地去上班，这种开朗的坚强是很宝贵的。

相反，也有人稍一挨训就心情沮丧、情绪低落，以为自己不行了，揪自己头发，开始自虐。这样的人慢慢变得固执己见，不谙世事，给身边的人也带来麻烦。大家会说不需要那个男人，把他调到其他岗位上去吧。

在任何组织中，居于高位的人当然是有能力的，同时也具有积极意义上的迟钝，有唯我独尊的一面。相反，越是顾忌周围眼光的人，身体越虚弱，越会出现掉队现象。最后，在积极意义上迟钝的人生存下来。正因为如此，钝感是一种非常重要的气质，也可以说是一种才能。

在我立志成为一名作家的时候，有一位才华横溢的男同事也想当作家，但是他半途而废了。当时，出版社跟他说拿稿件过来吧，他也将稿件送到了出版社，但是很少被采用。不仅如此，有时候还被退稿。在这种情况下，他马上就认定自己不行，情绪非常低落。这是一位悲观主义者，或者说是一位有自虐倾向的人，缺乏积极意义上的思考。其才华被埋没的主要原因，我认为是他的一蹶不振。

一直以来，在日本，只把敏锐的东西称作才能。实际上非如此。钝感也是一种才能。当然，敏锐的才能不是不好。但是，为了培养这种才能，并将其发扬光大，必须有积极意义上的迟钝、坚韧的品格。

## 被夸奖后血液循环顺畅

精神上不积累压力的另一种方法是被人夸奖。方法虽然很简单，但是人如果被夸奖，心情会立刻变好，血液循环因此而顺畅，性格也变得开朗起来。

特别是小孩子，必须要表扬。虽然不能娇生惯养，但是该表扬的时候就要好好地表扬。不管是体育还是其他课程，"很棒啊，很好！"，被表扬一句后，很可能就成为他们的一个爱好，这是常有的事。与此相反，如果每天持续被人说"你不行，你不可以"，就算有相当大的才能，也会变得不行了吧。

恋爱时就不用说了，夫妻之间也是一样的。如果尽可能地相互夸奖的话，两情相悦，两个人会更加健康。即使是上司对下属，也应该说"你的工作很出色，很有能力"。

不一定都是出于真心。多少有点夸张也好，重要的是要表扬他。对方也会因为这些好听的表扬话而心情大好，心想快加油干吧。进一步讲，这样也不会积攒压力。

如果通过表扬，使对方的血液循环畅通无阻，那么无论在家庭还是在职场，彼此之间的沟通就会更加顺畅，关系就会变得更加明朗。希望大家不要忘记，人是一种情绪化的动物。

## 健康就是对什么都无感

拥有积极意义上的迟钝和难得糊涂，不仅在精神层面，在身体上也很重要。相反，身体很敏感，有相当大的负面作用。

我认识一位患风湿性关节炎的人，即使是晴天，他也会说："天气很快就会变差。"我问他："为什么呢？"他说他的关节疼痛啦，感觉头沉甸甸的，好像能事先知道天气变化似的。

湿气对关节炎患者不好。关节对湿气很敏感，而这对患风湿性关节炎的人来说很痛苦。总之，这种情况下的敏感，对人是不利的。

同样，有人对气味异常敏感。只要闻到某种气味，眼前的东西就无法下咽，从而陷入挑食的境地。跟这种人比起来，迟钝的人即使对于多少有点异味的东西，也能满不在乎地吃下去。我觉得这是非常棒的事情。

所谓健康，按照传统的定义，应当对自己的器官或者器官的存在没有任何感觉。对器官或者器官的存在无感，就是健康的出发点。相反，注意到某一器官或感受到器官的存在，就是不健康的表现。

比如，胃有灼热感，感觉到胃存在的人肯定有胃病；屁股痒痒不舒服的人，应该患有痔疮。还有，经常在意指尖的人，也许指尖上扎着一根刺。没有任何在意的地方、没有任何感觉，可以说这是健康的证明吧。

由此看来，为了健康，最重要的就是要保持开朗乐观、积极向上的心态。不要积攒压力，如果无论如何都不能避免压力，就努力调整思路并予以接受。

比如，当你觉得他在说你的坏话或者刁难你的时候，如果光在乎这些就没有好处了。与其如此，不如改变想法，觉得他是一个只会搬弄是非的可怜人，说别人坏话的人也有只能说别人坏话的痛苦。

保持积极意义上的乐观、积极意义上的迟钝和难得糊涂，是健康的秘诀。这种精神上的从容在快节奏的现代生活中，应当是一种重要的武器。

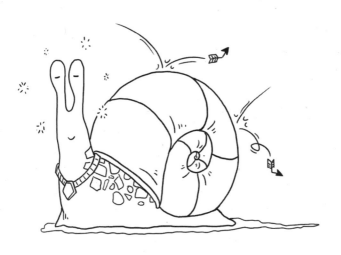

第三章

# 柔韧的女性更具革新性

适应价值观的多样化，

寻求适合自己、轻松一点的生活方式，

关键是消除精神压力。

### 向女性社会的过渡期

二〇〇一年秋，我出版了一本书叫《红城堡》。小说主人公"我"三十三岁，妻子二十八岁，这对年轻夫妇之间产生了很深的裂痕，妻子不能接受与丈夫过性生活。因此，丈夫设计把妻子幽禁在法国的一个城堡里，对妻子进行特殊调教，由此引发了各种各样的问题。故事情节大致如此。

这部小说的基本主题是：眼下，日本社会的男女关系正进入重大的变革期，探寻这个时期男女之间孤独的黑暗。二战前，在男尊女卑思想的影响下，日本社会基本上都是男性社会。二战后由于女权主义抬头，女性渐渐地进入社会，在经济上也变得独立，日本社会确实在持续向女性社会转变。现在可以说是从男性社会走向女性社会的过渡期吧。

随着社会的变迁，男女对爱情的看法和评价也发生了重大变化。对于这种变化，无论是男性还是女性，都感到困惑，也可以说这就是现状吧。


## 女性身体的变化

首先从医学、生物学的角度来思考一下男女关系。

女性身体与男性身体的根本不同点在于女性有月经。月经是指伴随卵巢周期性变化而出现的子宫内膜周期性脱落及出血。一个月一次，子宫为了留下受精卵预备了一张柔软的"床"。

上帝为了不让人类灭亡，让女性以二十七八天为周期，一年内约有十二次机会，在体内为受精卵制作了一张柔软的血床，等待受精卵。可是，在等待时间到了后，如果受精卵不来的话，就断然把床弄坏并进行冲洗，这种流血现象就是月经。等到下个月，重新收集血液制成柔软的床等待受精卵，受精卵不来的话再进行冲洗。卵巢和子宫不停地重复这种行为，一生都没有怀孕的人，只要月经正常，子宫每月制作的床就在等待受精卵，直至月经结束。

人类正是由于女性体内这种神秘而精妙的存在才没有灭亡。

然而，在现代社会，职业女性不断增多，造成女性不怀孕的情况也有很多。实际上，最近不结婚、不生孩子的女性越来越多，从生理层面来看的话，就是让前面所说的床终生处于闲置状态。

比如子宫内膜异位症，不管子宫做了多少次床，受精卵却一次也不来，从而让内膜处于焦躁、愤怒的状态。正因如此，治愈这种病，据说只要生一次孩子就可以。从幼儿期开始就一直折磨人的遗传性过敏性皮炎等，也有以初潮以及怀孕为契机治愈的情况。女性的身体，从生物学的角度来看，也可以说一生怀孕、生产多次，会使整个身体更趋于平衡、更加强壮。

### 女性遭到文明病袭击

怀孕和生产并非疾病，而是极为平常的健康方面的事情。因此，即使住院，生孩子的费用也不包含在健康保险里。但是，如上所述，最近没有这种经历的女性在增加。当然，这背后有各种各样的原因。然而，从生物学的观点来看，适龄期不怀孕，就是忽视并浪费了上帝给予的生育周期。

如果稍微夸大一点说，就是违背了自然规律。这种状态持续下去的结果，是患目前还不是很受人关注的月经不调、子宫内膜异位症以及单身女性多发的子宫肌瘤等疾病人相对增多。

比如，一项调查显示，在子宫内膜异位症患者中，二三十岁的年轻女性的数量是二十年前的三倍。

而且，在十至三十岁的人中，有四至五成被月经异常和痛经困扰。

近半个世纪以来，越来越多的女性进入社会，与以前相比生孩子少了，跟这个并非没有关系，有些疾病从广义上可以说是一种文明病。也就是说，社会文明带来生活方式的变化，也给女性的生理带来了影响。

本来，男性从原始社会开始就从事狩猎等活动，被要求具备行动能力，其身体也是为适应这一点而形成的。由于是以"劳动"为前提，就没有月经那种纤弱的东西。

另一方面，女性从原始社会开始，一边采摘水果、编织物品，一边等待狩猎归来的男人，并在很长时间持续着这种生活模式。而且，从生物学的角度来看，其身体是以生孩子为前提形成的。但是，随着近半个世纪的妇女解放运动以及女权运动，女性与男性的关系以及与社会的关系都发生了巨大的变化。

女性也能进入社会发挥作用，这本身是件了不起的事情。但是，经过长时间慢慢变化的身体，没能完美地跟上社会习俗的急速进步。一般认为，现在这种差距已经使女性的身体出现了各种各样的问题。

换句话说，二十一世纪自然的东西与非自然的东西正在进行着抗争，这跟前文说过的不进步的东西与进步的东西正在相互背离好像有共通之处。

而且，如果这种状况再持续几千年，相当多的女性也许会失去月经。人体总是试图适应外界的变化。许多动物适应自然环境，配合外界的变化进化自己的身体，从而生存下来。正因如此，在不久的将来，部分女性也会如此，这并非不可思议，现在也许正是女性身体变化的一个过渡期。

## 帮助女性排解压力

在现代的职业女性中，出现月经不调的人似乎很多，而在向妇科医生咨询后，会被告知不要积攒压力。当然，男女都有压力，但是不管怎么说，在社会上工作的女性压力更大，也可以说女性吃亏了。

男人早就在纵向序列的社会中生活，所以男人消除压力的场所很多。比如小酒馆、酒吧以及娱乐场所等，这些都是消除压力非常有效的地方。四五个人聚集在酒馆里，一边说着上司的坏话一边喝酒，大放厥词，缓解压力。或者去娱乐场所让身体放松一下，第二天再去工作。

但是，对于女性来说，这种场所和时间很少。过去，家庭主妇们有消除压力的地方，比如井边啦，小区公园啦，居委会啦，通过在那里说说别人的闲话等来释放压力。但是，专门为职业女性准备的释压场所不多。我觉得最近好像在逐渐增加，但是还远远不够。

专供女性轻松享受的酒吧、能让女性尽情闲谈的沙龙……最近流行的美容院、美发沙龙也许就是这种吧。实际上，在全身保健美容沙龙，美容师可以从头到脚，非常仔细地帮你护理全身；如果去美发沙龙，帅哥美发师一边跪着亲切地与你攀谈，一边帮着你修剪头发。

即使多花一点钱，也希望去这种地方振作精神，这样的女性似乎很多。虽然那样的店确实在不断增加，但是从总体上来说，普及缓解女性压力的场所和方法似乎还需要一段时间，这方面也可以说正处于过渡期。


## "三高"男人们的困惑

以前，人们对男人的评价非常简单。拥有经济实力和社会地位是最重要的，说得稍微强硬一点的话，就是凭借经济实力将妻子圈养在自己的身后。即使在爱情和婚姻中，女人在寻求男人喜欢的时候，生儿育女也优先于享受人生的。重要的是生孩子，组建一个新的家庭。至于性，只要满足男人就可以了。保持这种关系的夫妻并不少。

但是，近二三十年，这种观念逐渐并确实地崩塌了，男人只要有经济能力、身材魁梧就可以了，这种男权社会的一元化评价已经不合时宜了。

取而代之的是不容忽视的女性文化。而且，以前由男人选择女人，而现在，由女人挑选、评价男人的时代来临了。

这样的话，男人凭学历、年薪、身高，即所谓的"三高"已经不行了，落后于时代了。比这个更重要的是，如何尽力地迎合女性的喜好，让女性心情愉悦，如何在性的方面温柔地满足女性。根据有无这种能力来挑选男人的时代已经来临了。总之，在挑选男人的标准当中，引入了新的评价标准。

让女性高兴，让女性惬意，首先推行这种方法论的当然是欧洲。特别是拉丁美洲的男人，据说在极力称赞女性、让女性身心愉悦方面手段高明。这是因为从少年时期开始，他们就受到谆谆教诲，要对爱以及性爱抱有朴素的心情，要懂得感性，亲昵已经成了一种习惯。

现在，日本也逐渐进入这一时代，从名牌大学毕业，在有名的公司上班，拥有经济能力，仅有这些是不够的。如何让女性高兴和满足，这种能力的重要性比那些有过之而无不及。

比如，如果女性在社会上自立，拥有经济实力的话，即使找一个不是那么有钱的男人也是可以的，即使这个男人不是那么出色也是可以接受的。所以，女性的评价标准发生了变化，男人让她们感到舒服，在一起让她们感到快乐就可以了。另一方面，有些男人因跟不上这种时代变革的潮流而不知所措。

小说《红城堡》的主人公是位聪明的医生，也有一定的经济实力。如果以过去的评价标准来看，他是一位没有任何问题的优秀的丈夫，但是他与妻子相处得并不好。妻子难以适应丈夫因为优秀、有经济实力就对其呼之即来，挥之即去的态度。在性的方面也无视妻子的感受，认为即使是单方面的满足也可以。

妻子将深深的不满藏在心里，丈夫却不知道自己哪里讨嫌。岂止如此，他还因为觉得自己规规矩矩对方却不满而感到愤怒。

现在，女性的择偶标准、价值标准变得多样化。这本书描绘了在这个令人困惑的时代，被这种变化冲击的一对夫妇的形象。如何走出这一低谷，对于今后的男女来说是一个迫切需要解决的问题。

这里需要重新思考的是，前面提到的拉丁美洲男性对女性的赞美与取悦，在过去如果有这样的男人的话，会被视为一个只会跟在女人屁股后面的软弱家伙，是要被人嘲笑为傻瓜的。不过，现在并不这样认为了，甚至可以说这是评价男性的一个重要标准。

极力称赞女性、取悦女性，未必就是一个"娘炮"。对女性忠诚、甜言蜜语，性生活能满足女性，这些已成为女性评价男性的重要标准。就是说，现代女性开始光明正大地追求这些东西了。

## 为选项增多而烦恼的女性

那么，女性可以自由选择男性，就没有烦恼了吗？也并非如此。现在二三十岁的女性，面对结婚这一人生大事，有各种各样的选项，并因此感到迷茫和烦恼。这样的例子似乎有很多。到了适婚年龄，可以结婚，也可以谈着恋爱依旧一个人生活，也可以成为一名未婚妈妈。即使结婚以后，也可以是周末婚姻、分居婚姻，还可以离婚。如上所述，只要自由的生活方式得到容许，就会出现因选项过多而烦恼的情况。

在这种状态下，如果提起女性的幸福是什么，会意外地发现相当不明确。与此形成鲜明对比的是，男人的幸福比较清晰。当然也有例外，但是大部分男性就是想出人头地，成为有钱人。获取地位和财富，是普通男性最基本的幸福，也许还会给家人带来幸福。

即使是年轻男性，这种倾向也不会有太大改变。刚工作的时候，也许会有各种各样的想法，但是到了中年以后，就会被同化，形成相似的价值观。

但是，女性对幸福的理解可谓丰富多彩。比如，一位女性在可信赖的男性的庇护下成为一名全职主妇，生了几个孩子，觉得儿孙满堂的生活是最大的幸福。而另一名女性，首先希望与经济富裕的男性接触，一边过着奢侈的生活，一边充分享受自由。还有一些女性进入社会出色地工作，在献身工作的过程中找到了快乐。除此之外，还有各种各样的生活方式和幸福。

前文讲过，有些女性追求所谓的治愈系男性，选择权在于女性。但另一方面，在女性的潜意识中，总希望受到男性的保护，难以割舍对撒娇的憧憬。明明是因为觉得可以治愈自己的男性好才结婚的，然而一旦结婚，就会产生希望被更有男子气概的男性保护的欲望。

至于离婚，也是为了寻求更适合自己的生活方式。尽管如此，还是会被与父辈的矛盾和与周围的矛盾牵着鼻子走，发现自己还相信某个曾经存在过的家族神话，这期间也会因心理上的矛盾与精神压力而苦恼。

还有父母与子女，这里是母亲与女儿，两代人之间的隔阂也显露出来。母亲告诉女儿："快点找到好对象，结婚生孩子，过幸福生活。"女儿却主张："可以不结婚的。有稳定的工作，自立更重要。"过去的女性，直至母亲那一代，几乎都没有这种想法。"简直是岂有此理！"首先被父母骂了一顿，也遭到了其他人的指责。但是，另一种情况是，默默服从父母的命令，并感到坦然与安心。

也有父母会说，做什么都可以，但是自己要承担责任，这样反而会很难受。因为有许多选择，所以自己做选择并决断的烦恼和压力反而更大。实际上，暴食症、厌食症、抑郁症，很多是由亲子关系引起的。从这个意义上说，今后女性的心理疾病可能会越来越多。

**爆发力强的男性，持久力强的女性**

一方面对女性温柔的男性在增加，另一方面，家庭暴力，特别是丈夫对妻子的家庭暴力也在增加，并逐渐成为一大问题。在以女士优先为原则的美国，这种事情好像比日本还多，这是为什么呢？

说起家庭暴力这一现象的远因或背景，不怕误解地说，我认为不应该忘记男人这种生物的特性。

说起"男女生物学上的差异"时，通常认为"男人力气大，女人力气小"。同样，从体力这一点来看，男人在短跑冲刺、一口气举起重物、跑上很陡的楼梯等方面，爆发力确实很强。

但是，就像分娩那样，在长时间忍耐出血和疼痛，即持久力方面，女人远远胜出。如果让男人生孩子，由于疼痛和恐惧，他们中途可能会逃跑。事实上，在基本的生命力方面，女性远远高于男性，平均寿命也比男性长约七岁。

这里我想起了我以前当医生的时候，曾经去北海道阿寒町雄别煤矿医院出差的事情。

那时候的经历，写在了短篇小说《废矿之中》（原名《母胎轮回》）中。那位女主人公之前已经堕过五次胎，第六次怀孕四个月后，子宫破裂引起大出血。这个濒临死亡的女人奇迹般生还，后来还生下一个孩子。我对她顽强的生命力感到惊讶和敬畏，难以忘怀。

另外，与忍痛能力一样，男人的抗怒能力也很弱，缺乏自制力。女人能够慢慢等待，很少会不耐烦。这是因为女性具有慢慢发酵的特性，而男性具有突然发热的特性。

正因为如此，男女变得更加平等。一旦女性变得强大起来，本来在生物学上就缺乏持久力和生命力的男人，往往会在无意识中诉诸暴力。其中一个表现就是"家庭暴力"。

这样考虑的话，应该如何评价并灵活运用男女各自不同的能力呢？这将成为今后社会中非常重要的问题。


**保守的男性，革新的女性**

以前的社会是由男性主导的，因此是一个把论资排辈、权威主义等摆在优先地位的社会。而且，男性一旦创造了某种东西，就会变得保守，沦为权威主义，缺乏新意。与此相比，女性的思维视角与男性截然不同，总体上可以说具有灵活性、革新性。一般认为，这与女性的身体有着非常密切的关系。

可以这样说，女性的身体一生中经历了多次"革命"。首先，在十几岁的时候出现初潮，经历了第一次革命。接着，体验性生活，丧失处女身份，这是经历的第二次革命。然后，怀孕生孩子，体验着男人无法模仿的身体上的大风大浪。最后迎来闭经，革命终于结束。如上所述，身体的变化本身就具有革命性，因此思维和想法也很具激进性和革命性。

另一方面，男性从出生到死亡，身体并没有大的戏剧性的变化。这样的身体状况，头脑会固化，一味拘泥于地位和经历也是理所当然的。事实上，在被要求制定某个计划时，年长的男性会提出一个既稳定又保险的方案，而女性则会想出很多异乎寻常的创意。这样说起来，女性的活跃度更高。

而且，由于现在的社会结构和规范多是由男性创造的，所以男性对打破这些是很抗拒的。另一方面，因为不是女性创造的东西，所以她们会不假思索地进行破坏。不管怎样，今后对女性这种柔软度的要求会更高吧。

**时代要求女性革新**

那么，为了充分发挥女性内在的革命力，具体应该怎么做呢？

第一，担任管理职务的大叔们应该更加积极地录用、提拔女性，而且越是政府部门、报社以及银行等以男性为主的单位越有必要这样做。还有一点很重要，在欧美已经先行普及的完善保育和产假等社会性支出，能够在多大程度上被纳入预算。此外，像护理用品、化妆品、生理用品制造商等需要女性感性和能力的企业已经开始采取相应的措施，但是一般人对这方面的理解好像还不是很充分。

作为女性的不利条件，生产、育儿占用工作以外的大量时间，在职场中似乎也一而再，再而三地成为谈论的话题。但是，为了最大限度地发挥女性的潜在能力，日本社会的广泛理解和全面成熟是必不可少的，公司也必须有宽松的环境和宽宏大量的态度，承认女性在生孩子之后会变得更加成熟和有趣。

电视节目非常重视倾听女性观众的声音；在商品的购买群体中，女性占压倒性多数。进一步讲，现代女性具有行动力。男性观众经常发出"很少有面向老年人的节目"等感叹，仅仅是感叹却啥也不做。与此相反，女性会不断地打电话或写信投诉。因此，她们的意见很容易被反映，节目制作者也不得不考虑女性的想法。

职业女性的职场生活艰难，一方面是由于接纳她们的社会基础尚未成熟，另一方面或许是因为还有工作以外的选择。男性即使在公司上班很辛苦，也别无退路。但是，女性有结婚后辞职这条退路。正因如此，无论在公司还是在社会，女性的立场都很难得到认可，这也让女性感到痛苦。

但是我认为，无论男性还是女性，都可以有各种各样的生活方式。现在可以说是一个转变的时代，也可以说是一个包括工作和婚姻在内的男女关系都面临着重大变革的时代，男女分工也变得更加不明确。可以说，价值观在逐渐多样化，不论男女都应该充分把握这个机遇。

比如，以前被视作"软弱的男人"，现在被认为是"温和的男人"。在过去，有工作和社会地位的男人被视为成功的男人，否则就被视为窝囊废。但是，今后从个人的性格和是否适合工作来考虑，也可以让女性工作，让男性做家务。如果能够认清自己，人生就能过得更加快乐。

适应价值观的多样化，寻求适合自己、轻松一点的生活方式，关键是要消除精神压力。

第四章

每件事都是生命的重要瞬间

太在意别人的看法，

就会不知道自己为谁而活。

若这样浑浑噩噩地死去，

那将是多么遗憾的事情。

### 大城市与地方婚姻观的差异

在过去的婚姻模式中，有着约定俗成的规定，丈夫在外面工作并获取收入，妻子作为全职家庭主妇，料理家务，相夫教子。

现在，婚姻模式已经发生了变化，夫妻关系不再是原来那种丈夫与妻子的感觉，两人搭伙过日子，变成了一半对一半的关系。今后，一夫一妻制的婚姻形态、婚姻制度等"男女模式"会变成什么样呢？

一般认为，今后婚姻模式的最大问题，比起个体问题，大城市与地方之间的观念差异恐怕会更加突出吧。大城市与地方的经济差距经常被列为问题，而以男女关系为中心的观念差异才是更大的问题。

在东京那样的大城市，夫妻平等被广泛认可，双方都有工作就不用说了，从操持家务到抚养子女，都由夫妻共同来承担，这已经理所当然地被双方接受了。但是在地方，特别是在偏远地区，好像至今对夫妻以及男女平等的意识还很抵触。

多年前，北陆地区某城市托儿所的一名保育员因为成了未婚妈妈而引起轩然大波，最后该保育员被迫辞职。某报曾对此进行了报道，东京版本的观点是：一名喜欢孩子又拼命工作的老师因为成为未婚妈妈而被剥夺工作岗位，这是很荒诞的。如今这个时代，还有这样落后的地方实在是不可思议。

大约一个月后，我偶然有个机会去当地发表演讲，针对这件事询问了当地的一些人，在场的大部分人依然持批评态度。他们说："不能把孩子交给未婚妈妈那样的人照顾。"

虽说这是一种陈旧的观念，但从地方居民"未婚妈妈不检点，不能被原谅"的话中，我再次感受到了大城市与地方的观念差异。如上所述，伦理观和道德观的巨大差异令人感到意外，而如今日本民众泾渭分明的价值观也进一步加深了这种印象。

从地方到大城市的人很多，而年轻人，一旦到了要结婚的时候，很多人就会因价值观的差异而烦恼。

这种地区间的观念差异今后会不断扩大。一般认为，地方的人来到东京，会出现越来越疏远父母的情况。实际上，即使结婚了，由于妻子不想去位于落后农村的婆家，和丈夫一起探亲的次数就会减少；而在回妻子娘家的问题上，丈夫会因为这样会让妻子更高兴、更轻松而增加去的次数。

曾经有一位地方的知事说："我们县有新鲜的空气，预备了廉价的房子，等待你们来。"呼吁年轻人掉头，改变就业方向，但是好像没有什么效果。这是因为这位知事不了解年轻人执着于大城市的原因，年轻人不想从大城市回到地方，是因为在大城市无论做什么都不会被吹毛求疵，能够享受精神上的自由。

因此，如果想促使别人改变方向，应该这样劝说："在我们县，可以享有毫不逊色于东京的自由。"无论哪个时代，年轻人都追求精神自由，即使房租贵一点，空气有点污染，他们也不会在乎。

如果地方希望召回年轻人，比起自然环境，首先要进行观念上的变革。别人的事情就是别人的事情，不要横加干涉。应该说，首先要营造一个不要多管闲事的地方社会。


## 结婚如同投保

以前由男性养家糊口，女性成为全职家庭主妇，夫妻依据这种契约关系共同生活，而现在的经济状况渐渐不允许这样了。

比如，如果双职工中的女性辞去工作，那就只能靠丈夫的工资维持两个人的生活，两个人的生活水平就会下降。那样的话，还不如单身来得轻松自在，而且经济上也富裕，能够享受生活，有这种想法的人越来越多。同时，婚姻本身的好处是什么呢？保持夫妻这种形式的好处是什么呢？对此产生疑问的人正在逐渐增多。

那么，婚姻本身的好处是什么呢？在这里说得大胆一点，"结婚就是投保"，这样说也许比较容易理解。

现在，日本许多人购买人寿保险，这是因为，万一因事故或疾病死亡，或者在受到伤害、生病的时候，能够领取保险金。总之，应当购买，以备不时之需。

结婚也与投保一样，能够获得一种安心感："如果跟他结婚，即使成为一名全职家庭主妇，生活上也能有所保障。"当然，结婚对象即使是大企业的职员，也会因为经济不景气而被裁员，这种事情不难发生，现如今日本就是这种情况。但是，尽管如此，如果跟他缔结婚约，就可以说安全了，或者说风险减少了。这种观念依然根深蒂固。

正因为如此，从日本国内的视角来看，婚姻就像是健康保险；用国际的视角来看，就像与又强大又有些情投意合的人结盟。

但是，有的人想自己一个人生活，或者觉得自己并不弱，却要勉强支付昂贵的契约金，就产生了不必迈进婚姻殿堂的想法。事实上，由于这种保险是一种很难解约的保险，还是慎之又慎为好。

当然，如果把婚姻看作一种保险的话，那么缺乏自信的人和懦弱的人购买这种"保险"，的确是无可厚非的。

## 结婚的好处

但是，结婚也有好处。第一个好处是，与自己喜欢的人、最爱的人耳鬓厮磨，在社会上也能光明正大地一起生活。换句话说，就是将对方占为己有，这也是结婚的最大好处。

结婚的另外一个好处是能够光明正大地拥有孩子。站在女性的立场来说，在周围人和社会的祝福下生下孩子，添丁增口，组成快乐的家庭，这种喜悦是无可比拟的。

不过，对于不喜欢孩子的人、无意组建家庭的人来说，结婚的好处也许会很少。"有了孩子很幸福！""总会孝敬父母的，会老有所依吧。""听到孩子喊爸爸妈妈，我感到很幸福。"……满足于这些的人会知足常乐。对于觉得养育子女是个麻烦、牺牲太大的人来说，只谈恋爱不结婚也许才是上策。

在这方面，每个人都有不同的选择，特别是对于老年生活，有人觉得有孩子好，有人觉得意义不大。

总之，以前结婚是绝对的必要条件，在适婚年龄单身会被视作异类。事实上，也有这样的说法，不结婚的男人不值得信任，不能担任重要职务。而如果没有孩子，夫妻双方就会遭到别人的白眼。

所幸的是，现在已经没有了这种歧视。而拥有孩子，当然不是为了面子。这份喜悦来自在这个世界上留下自己的血脉所带来的安心感。所有人都会离开这个世界，正因为如此，生下自己的孩子，留下血脉，希望自己永远后继有人，这是最基本的愿望，也可以说是一种本能。

但是，这种事不能勉强，因人而异，也有人不想留下自己的血脉。过去，繁衍后代是结婚的基本条件。尤其对于那些名门望族来说，这是必不可少的条件。而现在，家族的存续也不是那么大的问题了。而且，一些年轻人似乎不为家庭所束缚，正在享受他们自己的生活。


**一夫一妻制的界限**

这样考虑的话，一夫一妻制本身到底有多大的吸引力呢？

刚才说了结婚的好处就是跟喜欢的人一起生活，能够将对方占为己有。但是，对于让男女之间的爱情进一步加深并持续保鲜，结婚这种制度就有些勉强了。

许多人二十多岁就结婚了，但二十多岁的选择并不是绝对正确的，发现是错误的情况也不少。比如，即使是二十岁观看时觉得非常感人的电影，到了四十岁再看时也可能会觉得很无聊；二十岁读过的小说，到四十岁再重新读一遍，也会有新的发现。

人是一种见异思迁、不断变化的生物。这是积极意义上的进步。假如有一对男女永远相爱、至死不渝，这算感情炽热、情投意合呢，还是算完全没有进步呢？到底算哪一种呢？

因此，与二十岁时选择的人终身相爱，这出乎意料地难，有时不能不说是在勉为其难地凑合着。事实上，正因为勉为其难，在举行婚礼的时候才在教堂里"宣誓"。在教堂向上帝宣誓"永远爱他（她）"，就是因为永恒的爱情存在着危险因素。"你们在饥饿时一定要吃东西。"在教堂里是不会做这种宣誓的。因为吃是人的本性，只要有食欲，就会吃。但是，永远爱一个人，就人的本性而言，有些困难，所以在社会上被道德规范约束着。

夫妻关系的最大特点是得到了安宁和放松。但是，在安心的背后，也隐藏着爱欲会消失的问题。这里所说的爱欲，也可以认为是性爱。然而，从洞房花烛夜开始算起，随着岁月的流逝，夫妻性生活本身会逐渐减少。一对男女形影不离，在情欲这一点上是有负面作用的。

结婚获得了一个安乐窝，却容易失去情欲。没有意识到这一点的人出乎意料地多，尤其是年轻人，可能都想不到吧。但在，家庭生活中的耳鬓厮磨，也潜伏着喜新厌旧的风险。

不管怎样，一夫一妻制是绝对的。而且，爱情在进入婚姻后，会慢慢转化为亲情。今后，随着女性逐渐进入社会，将会出现各种形式的夫妻。与原来的形式相同当然是可以的，但如果不喜欢这个人的话，可以采取最适合自己的婚姻形式。同时，不结婚的人也会增加。有的人只谈恋爱不结婚；有的人到了一定的年龄，有了自己的生活规律，就不希望被打乱了。而且，随着社会偏见的消除、保障制度的完善，还会有更多的生活方式出现吧。这样，婚姻的形态、男女关系应该会呈现出松散的状态，并朝着多样化方向发展。


## 从"否定离异者"到"肯定离异者"的时代

近年来，日本的离婚率在上升，尽管尚未达到与美国并驾齐驱的程度，急速增长却是事实。

按年龄层来看，日本人的离婚情况具有以下特点：一是二三十岁的人离婚的很多；二是共同生活几十年、在六十岁前后离婚的老年人在增加。

很多年轻人离婚，是因为他们有分手的精力，也是因为年轻人还能从头重新开始。

除了前段时间被大家议论纷纷的"成田离婚"，还能经常听到结婚一两年就离婚的事情。其原因就在于彼此都很年轻，都不太能容忍对方的缺点，而且离婚本身在社会上也不是什么见不得人的事情。

尽管如此，有过离婚经历的人，也不能说他们就是"否定一"或"否定二"，反而因为他们积累了宝贵的经验，可以说是"肯定一"。离过两次婚的人就像双重肯定过一样。事实上，在美国等国家，这是完全是"没有问题"的。

我认为，离婚率上升的另一个原因就是女性要求离婚。以前由于女性依附于丈夫，需要丈夫养活，离婚则意味着没有饭吃。但是，现在一个女人无论如何都能吃饱饭，即使有了孩子，只要厌弃了丈夫，就会果断地提出分手。

而且在社会上，以前离婚的女性被称作"离婚回娘家的女人"，因害怕闲言碎语而忍气吞声，不得不处于痛苦中。但是，现在这种偏见已经销声匿迹了。而且，随着女性经济实力的增强，她们开始向独立生活、忠实于自己的心情和爱情的方向迈进。


## 退休者离婚增加的原因

尽管离婚率增高了，但在离婚的人中，依然是年轻人占绝大多数。中年人会因为子女的"纽带作用"而放弃离婚，离婚率比较低。五六十岁的人离婚率也比较高，他们离婚被称为"熟年离婚"或"退休离婚"。

据说这种离婚的特点是，提出离婚的基本上是妻子。超过六十岁的丈夫几乎没有离婚的念头。即使讨厌妻子、不爱妻子了，也不会轻易提出分手。但如果丈夫退休了却拿着退休金不交出来的话，妻子就会申请离婚并主张分走丈夫一半的退休金，这种人在持续增加。

我在小说《复乐园》中也写到过，有一对已经退休的夫妻，丈夫说："我从公司退休了，今后想自由自在地生活。"妻子回答说："你已经结束公司的工作，退休了，所以呢，我也想退休，从照顾你的工作中解放出来。"这对丈夫来说是一个巨大的冲击。但是，之所以会这样，是因为丈夫不替妻子着想，一味地摆架子；对于妻子来说，即使待在家里，照顾家庭本身也是一项工作。

总之，男人不具备自立的特性，承受孤独的能力很弱。由于长年由妻子照顾、依赖妻子，家庭开支、存折和印章放在什么地方、存款有多少，全部由妻子管理，很多做丈夫的对这些一概不知。而且，在洗衣做饭、打扫卫生等方面，他们完全是外行，基本上撒手不管。由于不能自立，一旦有情况就会惊慌失措。

有位姑娘大学毕业参加工作后，父母突然开始闹离婚。其母亲好像说几年前就下定决心，只是在等待女儿独立，但是对于其父亲来说不啻晴天霹雳，认为简直是开玩笑而不予理睬。

尽管其母亲认真地三番五次地提出离婚，其父亲也只是重复地说："为什么呀？有什么不对的吗？"对话根本就不在一个频道上。

他看起来像是一位非常认真的父亲，但是他不理解那位母亲所说的话，因为想象不到会发生离婚这种事情，所以表情很滑稽，一副惊慌失措的样子。在这种情况下，尽管双方进行了协商，但是事情没有什么进展，最后好像是请了律师解决的。

我之前采访的那对退休夫妇的情况好像也是这样的。妻子一口咬定："四十年啦，都不让我说话。"她的丈夫经常呵斥她："闭嘴，吵死啦！"妻子似乎以退休为契机，想从丈夫的独裁中解放自己。

总之，随着进入老年，丈夫不想离婚，妻子却有离婚想法的夫妻日渐增多。这样看来，退休后的女性在精力、体力等方面远远强于男性，只要她们具备自立能力，夫妻之间的力量关系就会发生逆转。


**被企业伦理和社会伦理束缚的男女关系**

在婚姻模式、男女关系趋向多样化的时候，日本封闭的社会体制将成为障碍。根据到了适婚年龄就结婚这一传统观念，女性最好在二十五岁至三十岁之间结婚，结婚几年内生孩子，生了孩子后，妻子应该进入家庭，服从丈夫，就是这么一种价值观。这些都是过去的东西，现在已经没有说服力了。

想单身的，想恋爱的，想离婚的，都是自由的，承认各种相爱形式，不进行干涉，才是真正的优雅。

在我看来，日本的男女关系过于拘谨和死板。只要孤男寡女在一起，就会遭人闲话，人们就会猜测两人会不会发生关系。尤其不可思议的是，在学生时代，不管谁跟谁确定恋爱关系，人们都只是说句"啊，是吗？"，一笑了之。而进入企业后，对男女关系的管束突然严格起来。特别是一流企业，那种管控更加严厉，还是希望宽松一点，希望大家能用宽广的胸怀来看待这个问题。

创造这种冥顽不化的企业伦理和社会伦理的，一般是那些曾经主张灵活处理男女关系的学生们。他们进入企业十年、二十年后，也成为叔叔辈了，他们的思想也变得因循守旧了，可以说这就是证明吧。


**构建一个认同每个人生存方式的社会**

如果不能从企业伦理和社会伦理中解放出来，成为一个让人们更加自由豁达地生活的社会的话，日本社会就不会被激活。应当放宽男女交往的限制，而放宽限制不需要花钱，所以应该事不宜迟。

尽管如此，没有比日本人的行为规范更模棱两可的了。虽然说是规范，简而言之，也可以说是一种面子上的东西，只要维护好这个面子就可以放心了。经常听人说，孩子又没有考上大学，怪丢脸的。而问他为什么丢脸啊，他说因为被邻居大妈取笑了，这种无聊的面子就成了价值标准。

不仅我们这些老百姓要面子，对于政治家来说也是如此。比如，外国政要逝世，当说起派谁前去吊唁时，一定要根据周边国家的反应做出决定。管他周边国家什么态度，因为跟日本亲近就该果断地派人去，事实并非如此。平民也一样。在有人去世的时候，去不去吊唁，奠仪怎么准备，总是先打听周围人的情况。而且，因为邻居这么做，所以我们也这么做，经常根据横向的价值标准采取行动。

但是，我们并不是为了邻居大妈而活着的。为了打破迎合社会的行为规范，每一位日本人都应该行动起来。光想着迎合社会，不知不觉中，自身就老化了，甚至会丧失自我。太在意别人的看法，就会不知道自己为谁而活。若这样浑浑噩噩地死去，那将是多么遗憾的事情。

每一个人都应该为自己而活，每一件事都是生命中重要的瞬间，希望大家都能活出自我。

第五章

# 豁达开朗，与癌症共存

应该从小时候就培养孩子豁达开朗的性格，这非常重要，也可以说这能够预防将来患上癌症吧。

## 二十一世纪的癌症

近年来，随着医学的进步，不治之症迅速减少。在二十一世纪，与死亡关系最为密切的还是癌症。但是，即使对于癌症，人们"不治之症"或"疑难杂症"的印象似乎也发生了很大的变化。

癌症在德语中写作"Krebs"，是"蟹壳"的意思。也可以说就是坚硬的肿块。"身体出现硬块很危险"，这在以前就众所周知。

癌症的一般定义有以下三个特点：破坏发病的器官、确实会增生、经过淋巴管转移。原发部位的癌细胞确实会增多，通过淋巴管传播，所到达的器官会被破坏，可以说是一种非常令人苦恼的疾病。

一般来说，赘生物被称为"肿瘤"，其中，不转移、生长缓慢的叫作"良性肿瘤"，与恶性肿瘤区别开来。上皮组织生长出来的恶性肿瘤叫"癌"。还有一种恶性肿瘤叫"肉瘤"，肉瘤来源于间叶组织，通常不将其称之为癌症。

良性肿瘤的代表是息肉，根很浅，像蘑菇一样生长。虽然在器官里肿胀，但由于根很浅，不会恶化。与之相反，像癌这样的恶性肿瘤，如果比喻成山的话，虽然不是很高，但它的底部很宽，已经在器官内扎根，会慢慢地扩散并进行破坏。

必须引起我们注意的是，在良性肿瘤中，有些能够变成恶性肿瘤，但数量很少。为了尽早消除这种危险，尽管是良性的，也可以通过手术摘除，但是大部分没有摘除的必要。


### 为什么会患癌症？

我们的身体不断地创造新的细胞，不断地淘汰老化的细胞，反复进行着新陈代谢。产生的新细胞与淘汰的老细胞，原则上在数量上是相等的。

但是，有时细胞会突然出现异常增生。比如，现在每天产生一百个细胞，淘汰一百个细胞，这个过程会突然发生变化，产生的细胞的数量会变成二百个、三百个，这样单方面增加的话就可能患癌症。

这种现象就好比报社的印刷机在一分钟内能够印刷几百张报纸，突然出来一张没有铅字的白纸，而后又连续不断地出来白纸，这种情况是很罕见的。与此相同，细胞的异常增生是癌症广为人知的特性。而且，人在进入老年后，患癌症的概率会增加。

那么，细胞为什么会发生异常增生呢？这种情况尚不完全清楚，有种说法认为是免疫的问题。在正常情况下，印刷机即使印出不规则的印刷品，也能迅速调整状态；而人在进入老年后，由于免疫力下降，调整不规则细胞的能力就会下降，无法阻止细胞的异常增生。

因此，一般认为，近年来患癌症的人增多，基本上是由于老年人的增加，再加上大气污染和有毒食品等其他因素。

这样看来，癌症与人类生存的基本循环有着密切的关系。


**心脏癌？脑癌？**

下面，我们来分析一下癌症的特征。

首先，我想大家都知道，很少听说有人患心脏癌和脑癌。这是为什么呢？具体原因尚不清楚，我认为这本身就是造物主的智慧。上帝在那里创造了不容易致癌的系统。为什么这么说呢？因为心脏就好比人体最重要的发动机，如果真的有心脏癌，一旦罹患心脏癌，那个人就会瞬间死亡。

同样，大脑是人类意识活动的中心，也是中枢神经系统的主要部分，因此脑癌也是致命的。不过，也有人会想："不是有脑肿瘤吗？"最早出现的癌症称作"原发癌"，比如，有这样一种说法，"原发病是胃癌，已经转移至肝脏"。按照这种说法，有脑肿瘤这种原发癌，但是其他癌症一般不会转移至大脑。

为什么会很少发生转移呢？这可能跟大脑的位置比心脏高有关。总之，癌细胞还是很难转移至心脏和大脑的。

## 日本人的癌症特征

以前，一般认为日本人患胃癌的居多，而在欧美国家，患肺癌、大肠癌以及膀胱癌的人居多。大家普遍认为，这与饮食生活不无关系，吃米饭并大量摄入盐分的人易患胃癌。另外，吃肉和火腿等动物性脂肪据说是引发大肠癌的主要原因。因此，随着日本人越来越喜欢吃西餐，患大肠癌的人数逐年在增加。

另外，肺癌的发病率也在逐年增加。最根本的原因还没有完全弄清楚，但是从以大气污染为首的周边环境的变化到有毒食品的出现，原因似乎是多方面的。

顺便说一句，吸烟是导致肺癌的主要原因吗？至今仍有烟民持怀疑态度，但是只要看看统计情况，就不得不说这是毫无疑问的。通常说吸烟会损害气管，这是因为被称作纤毛的这种细小的毛具有过滤气管中的混浊空气的作用，而香烟的烟雾会让它们变得迟钝，无法对混浊空气进行适当的处理。

但是，并非所有吸烟的人都会患肺癌。实际上，即使同样是吸烟，轻轻吸入口中的人与吸入喉咙深处的人，香烟所带来的影响截然不同，所以吸烟的后果可能会因人而异。

另外，在烟民当中也有人说："戒烟后，因为压力太大而患上其他癌症。"但是，吸烟本身就存在风险，所以还是戒掉吧，不能说戒烟是患癌症的理由。不过，如果一个人戒烟了，被动吸烟的人就会减少，的确会降低对周围人的伤害。一般认为，吸烟者吐出的烟雾进入不吸烟者的体内，其伤害比吸烟者自身吸烟对身体的伤害更大。普遍认为，这是因为对于香烟的反应来说，吸烟者的气管因为对香烟已经习惯了而变得迟钝，但是平时不吸烟的人的气管非常敏感。


### 从癌症遗传说到性格说

关于致癌的原因，至今还不是很清楚。当然，以前也有各种各样的说法。最近又出现了"癌症遗传说"。

这是一种假说，在 DNA 的碱基序列中，可能存在一种叫作"癌基因"的东西。为什么会出现这样的说法呢？这是因为患癌症去世的父母，其子女死于癌症的比例会稍微高一些。也就是说，由于从统计上看存在"癌症家族"，所以认为癌症是能够遗传的。但是到目前为止，尚未发现这种明确的遗传因子。比起这种说法，我本人对"癌症性格说"更感兴趣。

一般来说，癌症患者大多是性格敏感、心思细腻的人。而且，同一家族的人在性格上有很多相似之处。比如，母亲非常介意小事，其女儿同样很敏感，如果母女俩都患了癌症，就会被认为都是"容易患癌的性格"，而由于她俩是母女关系，很容易被认为"女儿遗传了母亲的癌症"。

总之，最近人们对患癌症的人进行研究，发现性格敏感、闷闷不乐型的人居多。相反，积极意义上的迟钝、有点难得糊涂型的人就不容易患上癌症。

具体原因还不是很清楚，但是有一点是毫无疑问的，越是性格敏感的人，越容易积攒压力，血液循环越容易恶化。

我之前也讲过，交感神经和副交感神经负责血管的扩张和变窄。说起血管的理想状态，最重要的是保持血管的扩张，让血液循环流畅，但是压力过大、性格敏感的人，很容易使血管变窄，导致血液循环恶化。如果血液循环恶化，氧气和营养就不能顺利地输送到目的地，那个部位就会受损，出现溃疡等症状。

如此看来，应该从小时候就培养孩子豁达开朗的性格，这非常重要，也可以说这能够预防将来患上癌症吧。

## 从"抗"癌到与癌"共处"的时代

最近，人们对就诊问题议论纷纷，当然还是不会排斥就诊的。虽然对其效果及可信度还有质疑的声音，但是多数人还是认为，如果不接受诊断的话就弄不清病情，接受诊断才能知道病情。

而且，早期发现仍然很重要。以前，早发现、早治疗是治疗癌症的一大原则。但是最近，早期治疗的方法发生了很大的变化。

以前的早期治疗千篇一律，那就是摘除恶性肿瘤。但是，近三十年来，医疗技术飞速发展，早期检查已经能够发现非常细小的恶性肿瘤。因此，非常细小的肿块，甚至是尚未变成恶性肿瘤的癌前状态的东西，也能够被发现。发现速度如此之快，过去那种"一发现就立即摘除"的时代就会一去不复返。

以前都是把恶性肿瘤当作敌人进行摘除，而现在如果在早期发现阶段就将其彻底摘除的话，反而会导致患部周围血液循环不畅，消耗体力，也不能遏制处于休眠状态的癌细胞再生。

以前经常发生手术后癌症恶化的情况。与其说是因手术导致癌细胞扩散，还不如说是因体力下降导致癌细胞扩散。包括免疫力低下在内的任何疾病，最重要的都是保持基础体力。

另外，非常小的早期癌细胞，也有无法预测其未来的时候。就好比人有各种各样的类型一样，癌细胞也是。有的会拼命变大，有的好像也会偷懒，不会变得那么大。而非常小的癌细胞也会有一动不动的情况。

因此，即使早期发现癌细胞，也要先观察情况，搞清楚这种癌是哪种癌，这个非常重要。

庆应义塾大学的近藤诚先生说："不要和癌症做斗争！"意思就是说，不要把所有的东西都进行手术切除，这是一种远见卓识。

东京有个叫"日本健康"的团体，专门对癌症患者及其家人提供精神上的关怀。该会会长是日本红十字会医疗中心外科部长竹中文良先生，他曾身患大肠癌。所谓名医，我认为体验过这种疾病的医生是最好的。竹中先生曾说："直到二十世纪，癌症一直是我们斗争的对象，但是二十一世纪将是一个与癌症共存的时代。"

这的确是一句至理名言，今后不要随便动手术，有时需要与癌症妥协。"不要再胡闹了，保持平静！""使用抗癌剂和放射线疗法，就这样互相迁就吧！"要用这种态度来对待癌症。而且，如果动手术的话，可以做部分切除，或者通过放射线疗法和使用抗癌剂等手段，尽量减少手术消耗。这种与癌症共存的时代已经来临。

## 与癌症共存

在日本，患者会对医生说："大夫您说没有什么大不了的，但是如果不进行手术的话，将会造成无法挽回的后果。"因此，害怕承担责任的医生通常认为实施切除手术无论如何都是无可非议的。

但是，今后将是一个与癌症共存的时代，所以医生也应该与患者好好沟通，努力消除这种误解。

医生应该这样说："癌症并不是那么可怕的。如果妥善治疗的话，就能活十年、二十年。所以，即使患上癌症，也用不着那么紧张，不要紧的。"我们应该冷静地对待癌症。特别是老年人容易罹患癌症，但是由于他们的新陈代谢功能衰退，细胞增生缓慢，处理得当的话，长寿的可能性还是很大的。

近藤先生早就提出了"与癌症共存"的观点。作为放射科医生的近藤先生提出："过分切除，患者的死期会不会提前呢？"我认为他的想法是合理的，他的疑虑是正确的。

近藤先生在媒体上的表现似乎引起了相当大的轰动，招致了很大的非议。但是，如果在开始发言的时候不这么说的话，就不会产生强烈的影响，也不会在社会上流传开来。换句话说，当时日本的外科医生大多是"切除狂""手术狂"。

# 第六章
# 好医生要有丰富的人格

医生不仅要精通医学，
技术一流，
还要有丰富的人格。
至少在成为医生之前，
首先必须是一个感性的人。

## 日新月异的医学没有"绝对"和"常识"

就像发现了癌细胞就要立即切除的常识被打破了一样，把西方医学的学理都当成是绝对的也太过分了，医生也有很多不明白的地方，必须谦虚地认清这一点。

一般情况下，日本医生不太愿意倾听没有科学解释的民间疗法，对此持否定态度。比如，现在的医院基本上只开成分完全清楚的药。这是西方医学的基本原则，但也不能因此就单方面否定理论上解释不了的治疗方法。即使被认为是完全无效的东西，但用其治疗，能够使精神稳定下来，也许对治疗疾病就有效。

另外，现在西医无法解释的东西，很有可能对治疗疾病有效果。目前不清楚疗效的中药，也有可能在某些条件下成为治疗癌症的特效药。

我之所以这么想，是因为当我还是一名整形外科医生的时候，在札幌医科大学附属医院对髋关节脱臼和脊椎病患者实施的手术，现在已经有一半不做了。但是，在三十年前，人们深信实施手术是最好的、最有效的治疗办法。不仅是我，当时几乎所有的整形外科医生都会说："如果不做手术，你会好不了的。"然而，现在回想起来，这是医生的一种偏见与傲慢。

这也意味着，现在的医学知识和治疗技术，在三十年后，也可能发生了翻天覆地的变化。在医学日新月异的今天，这种可能性更大。因为现在的医生站在现在的时间节点上，会觉得当下的医学知识是最好的，而在三十年后，其内容也许会发生令人难以置信的变化。对此，医学工作者应该认真思考，谦虚对待。

治疗癌症的中医以及民间疗法，即使医生怀疑其疗效，只要自己觉得有效，就可以尝试。我认为这也是一种办法。当然，这种态度并非否定西方医学，而是让患者亲身体验一下，根据自己的实际感受做出选择。如果我是医生，而患者相信中医，提出要求说："希望两种方法都试试。"那么我会跟他说："当然可以。"

总之，最了解患者的还是患者自己，患者觉得好的应当是相当好的。

## 大学附属医院的功能

那么，生病的时候，面对各种各样的医院，应该如何进行选择呢？对于很多患者都信得过的大学附属医院，有必要了解一下。

大学附属医院既是医疗机构，又是研究机构，同时还是教育学生的机构。兼具这三种机构的功能，从这个意义上看，可以说是一种非常特殊的医院。

首先，因为大学附属医院是教育机构，所以学生络绎不绝，可能会将患者当作病例，在见习的过程中进行临床接触。这个时候，有的患者会生气地说："我不是来让你们当猴耍的。"但是，既然选择了大学附属医院，那也是没有办法的事情，医院不这样做的话就无法培养出日本未来的医生。因此，如果不想被学生看到，从一开始就不要去大学附属医院治病。

其次，大学附属医院是一个研究机构，所以会尝试进行一些试验，如"从他目前的结果来看，不妨试试新的抗癌剂"。当然，这个时候郑重地向患者解释是理所应当的。在此基础上，病例也有可能被用作各种各样的研究。为什么会这样呢？因为在大学附属医院，医生也是研究人员，他们希望在学术会议上发表研究成果。所以，绝对不想成为研究材料的人，最好一开始就放弃去大学附属医院的想法。

再次，大学附属医院还是一个地区的中心医疗机构，拥有最新的设备，聚集了许多优秀的医护人员，这也是事实。

大学附属医院具备这三大功能，而不想去这个地方看病的人，可以去公立医院或者私立大医院。

那么，患上某种疾病的时候，去哪家医院更好呢？可以就近咨询平易近人的负责初步治疗的社区医生，让他们根据需要就近介绍一家大医院，也许这是最可行的办法。


**思维方式的不同**

在考虑医疗试验这个问题时，日本人与美国人的思维方式截然不同。

比如，在美国，有些医院敢于大胆使用尚未成熟的药物和治疗方法，在其他医院被宣告"已经是癌症晚期，没法治了"的患者们，最后会来到这些医院，主动提出申请："请一定用我的身体试试。"

实施医疗试验很重要的一点就是知情同意。最初的知情同意是医生向患者详细说明病情和治疗方法，这在美国已经做得非常好了。

在美国，如果医生对患者说："你这样下去是没救了，虽然有危险，但我想让你试试这个新的治疗方法，你愿意配合吗？"患者就会说："以上帝的名义，试试看吧。"在知情同意过程中双方确立了友好关系。"那么，在上帝的保佑下，我就把生命托付给你了。""向上帝起誓，我会在挑战中全力以赴，希望取得成功。"在一旦失败了就会死去的情况下，医患双方共同努力，迎难而上。

在日本，作为研究机构的大学附属医院，一旦出现某种医疗问题，父母就会提出抗议："你们把我的孩子当作试验材料了。"但是，为了发现真正意义上的新的治疗方法，医生从一开始就说明白："请让你的孩子去试验一下。"父母方面如果没有对此进行充分的了解并做好精神准备的话，就不可能出现创新的、划时代的治疗方法。这不仅限于医学领域，日本的所有行业都是如此。我希望日本不只是对别人首创的事情进行修正，还要努力推动整个社会产生独创性。

### 对"好医生排行榜"的疑问

周刊杂志经常推出"好医院排行榜""好医生排行榜"专题，大多数医生看到后会质疑："这是真的吗？"

如果是好医院，就应该在考虑医疗内容的同时，考虑医生和护士的服务态度，以及包括病房在内的医院所有设施的情况。

我参与创立的静冈县立静冈癌症中心，前面可以看到骏河湾，后面可以看到富士山，不仅周围环境优美，而且是一所在"一切为了患者"的口号下创建的医院，正逐渐成为一所漂亮整洁、功能健全的医院。墙壁是木纹格调，令人赏心悦目，输液管也是嵌入墙壁的，电视画面与普通电视一样，患者所服用的药一目了然，全部都有详尽的说明。总之，完全没有那种医院里特有的阴暗和压迫感。另外，护士们的服务态度也很好。我认为这种医院就是通常所说的"好医院"。

不过，"挑选好医生"却是一件相当困难的事情。

比如，大学附属医院的教授比公立医院的院长和部长优秀吗？不能一概而论。一台手术出血很少，减轻了患者的负担，作为临床医生，拥有能够又快又好地完成手术的高超技术，跟成为一名大学教授没有直接关系。因为大学教授基本上都是根据论文数量和内容选拔产生的，所以优秀的教授未必就是优秀的临床医生。总之，所谓教授，基本上都是研究人员。

当然也有例外。但是，一名拥有真才实学的临床医生不一定能成为一名教授。不仅如此，在教授当中，有相当一部分人不擅长做手术，或者只对某种特殊的手术有信心。

那么，是不是只要做好手术就是好医生呢？也不能这么说。手术技术与是否具有设身处地替患者着想的亲和力，是两码事。还有，即使主刀医生的技术很好，手术助手以及其他医生和护士的能力也很重要。

如果把这些都考虑进去的话，你自然会对一元化的好医生排名产生疑问。

## 所谓的好医生

我个人认为，一名好医生应该具备的条件，首先要向患者公布病历和检查事项。例如，某患者去了A医院后，觉得不太合适，想去B医院时，请求医生说："请把之前的治疗过程和检查结果写给我好吗？"如果医生马上点头同意并能很快出具这些东西的话，就可以说他是一名好医生。医生如果对自己的诊断充满自信，就会想："你想去就去吧，肯定跟我说的一模一样。"相反，如果医生说"什么？你怀疑我吗？"并脸色难看、不出具数据的话，这样的医生肯定是有问题的。

另外，向患者说清楚症状和治疗方法，也是维持双方信赖关系所必不可少的。而且，医生本该设身处地地替患者着想。相反，一味开药、动不动就打针和输液的医生是有问题的。

我在赤坂某牙科医院看了十五年牙，那里的医生没有华而不实的东西，也不说多余的话。虽然只是简明扼要地说些必要的话，但是也传达了一种诚实。这种事情只能靠直觉来理解。如果是这样的医生的话，就可以把自己托付给他。

从这一点来看，最理想的情况是拥有家庭医生。家庭医生能够给你治疗像感冒那样的日常疾病，当你患上癌症等重大疾病时，会向你推荐哪家医院的哪位医生好。从这个意义上说，必须做一个"放纵"病人的好医生，或者说做一个"放纵"患者的好医生。比如，医生说："这个我做不到，我可以写封介绍信，你上那家医院看看。"乍一看貌似不可靠，其实是个好医生。

相反，"不管怎样，包在我身上，不要紧的。"说这种话并反对患者去其他医院的医生，需要特别注意。


## 治疗的是病人而不是病

俗话说："医生不是治疗疾病的，而是拯救病人的。"这句话自古以来就在医生当中流传，至今仍然非常重要。

现在一些年轻聪明的医生，往往只想着治病。他们对疾病感兴趣，这种病使用这种药，如果做这种手术会怎么样呢？只对数据感兴趣。这种情况是存在的，被这样的医生牵着鼻子走的患者苦不堪言。

这种数据偏重主义，在很多时候是造成医疗事故的原因。

比如，医生说："给 A 先生开几片阿司匹林。"以前都是通过口头传达，再后来写在纸上，而现在是通过电脑，只要输错一个字，就会变成完全不同的药，剂量达到十倍就很危险。现实中因为出现这种失误而引起医疗纠纷的案例很多。电脑虽然适合收集和分析庞大的数据，但是也存在带来医疗事故的危险。这一点必须铭记在心。

医生并不应该根据数据来诊断疾病，而是应该将性格、家庭环境、经济状况都不一样的患者作为个体来理解。从这个意义上说，医生不仅要精通医学，技术一流，还要有丰富的人格。至少在成为医生之前，首先必须是一个感性的人。

而且，应该做让人觉得"如果这位医生看了也不行的话，那就没有办法了"的医生。为了培养这样的人才，今后应该在医科大学的课程中开设人类学，或者举办以了解人类为目的的讲座。在现在的医学教育中，最欠缺的正是这一点。

## 倾听"第二意见"

"第二意见"是一个非常棒的词语。为什么这么说呢？因为以前去医院看病，如果医生说就这样吧，大多数人都感恩戴德并言听计从。但是，随着"第二意见"这个词流行开来，就开始听取各种各样医生的意见。一个医生的意见并不是万能的，也没有必要完全服从。

倾听"第二意见"并不是怀疑医生，而是了解关于疾病的各种各样的看法。

如上所述，以前在一家医院接受检查，如果发现癌细胞，医生说"手术吧"，患癌部位就会被大面积切除。但是，近年来随着癌症早期发现技术的进步，癌症治疗方法本身也在不断地变化。比如，在发现轻度乳腺癌的时候，是全部切除乳房好，还是保留部分乳房，手术后实施放射治疗好呢？等等，有各种各样的疗法。针对病症，了解 A 医院的意见是这样的、B 医院的意见是那样的，患者在知情的情况下接受治疗是非常好的事情。

但实际上，现在很多患者似乎不信任主治医生，我也听到一些不好的声音。不过，如果遇到好医生，对方很快就会出具之前的检查数据；如果自己对所有的检查"从头再来"不感到痛苦的话，可以默不作声地去其他医院就诊。

近年来，针对各种疾病的治疗方法越来越多样化。如果感到担心的话，应该立即询问"第二意见"。这是因为即使是结婚这种事情，对于这个男人好还是不好的问题，也应该听听第二方、第三方的意见。对待自己的身体理应慎之又慎。


医疗和资本主义

但是，在增加好医院和好医生方面，日本目前的医疗基础存在着重大问题。

这个问题就是，没有从根本上修改健康保险制度。

东京慈惠会医科大学附属青户医院曾经发生过这样一起医疗事故。三名医生手术失误，导致一名六十岁的男性患者死亡。医生因涉嫌业务过失致人死亡而被逮捕。缺乏知识和经验的年轻医生的不成熟、指导医生的缺位、医生伦理道德水平的低下等，此次事件暴露了日本医疗存在的多个问题。

最为严重的问题是，现在日本的健康保险制度可以说是一种畸形的平等主义，诊疗报酬过于低廉，而且不适用健康保险的东西太多。如果治疗和检查变得多样化和复杂化，保险制度就必须改变。

比如，在静冈县立静冈癌症中心有一种单点照射鼻窦癌的质子治疗设备，光购买机器就需要六十亿日元，进机库需要一百二十亿日元。即使进行治疗，因为不适用健康保险，所以也不可能有折旧费。将技师的劳务费和管理费扣除后，照射一次如果不收取几十万日元的治疗费是不合算的。

从医生的角度来看，这种畸形的平等也是个问题。比如，无论是经验丰富的医生做手术，还是昨天刚刚取得医师职业资格的新手医生做手术，保险分数是一样的。对医生的专业知识和技术熟练程度完全不做评价，这是毫无道理的。在这种情况下，应该根据医师制度等，采取有多年经验的医生的手术费加倍等措施。具有讽刺意味的是，很多人发现，让经验不足的医生做手术，后期患者再动手术或再住院，支付的医疗费用更高。

更大的问题是，因为关于医疗的咨询费太低，问诊变成了一分钟问诊。如果医生与患者进行了一分钟的谈话、二十分钟的详细说明，咨询费还是不变的话，以后医嘱当然会缩短，医生与患者之间的交流时间变少也是很自然的事情。

健康保险不合理，医生的报酬整体偏低，最后的结果却落在了患者身上。特别是存在医生进行不必要的检查以及过度开药等情况，现行健康保险制度确实是不完善的。

另外，对于医生这个职业来说，个体医生逐渐减少，取而代之的是在医院上班的医生增多，越来越多的医生变成了"上班族"。说实话，在医院上班的医生中，年轻医生的工资很高，而资格老的医生的工资就会显得过低。作为一种照顾他人生命的职业，如果工资体系体现不出实力和职业经历，不能不说是有问题的。

总之，希望今后医疗相关人员能够充分意识到医疗行业本身是个服务行业，努力创建一切为了患者的医院。

# 第七章
## 安享余生更需心灵护理

能够对患者进行心理护理的，
是家人，还是陪护左右的护理人员呢？
也许每个人的情况都不一样，
但重要的是心灵，而非『场所』。

### 关于癌症的告知问题

癌症在不久前还被认为是一种不治之症，在日本尤其如此。一般认为告知本身会使患者病情恶化，缩短生命。但是，最近由于早期发现技术提高，治疗方法也取得了飞跃性的进步，治疗也变得容易了，所以大部分患者会被告知。

但是，我本人曾在随笔中表达了这样的观点："癌症的告知，基本上不应该做。"在小说中也是。当时我以这种观点为前提，发表了好几部有关癌症的作品。

其中一部小说《临头》发表于一九六七年。

这本书讲述的是著名文艺评论家、同乡老前辈 K 先生在晚年患食管癌后，从癌细胞向肝脏转移至死亡这一年的真实情况。K 先生与主人公"我"的初次见面是在东京的 P 酒店，也是"我"作为获奖者之一的文学奖颁奖会场。在会场上，老前辈 K 先生毫不掩饰对自己身患癌症的不安，一个劲地向既是新人作家也是医生的"我"咨询。

还有一件事情，"我"出差的医院住进了一位五十九岁的小学校长。虽然发现有明显的胃癌的症状，但患者本人就不用说了，就连看起来老实巴交的老妻也不能告诉她真实的病情。

但是，为了慎重起见，医生为他做了开腹手术，发现癌细胞从胃扩散到了肠、淋巴结，并且已经转移至肝脏了，于是停止手术，缝合伤口。经过短暂的平稳状态，病情继续恶化，患者迅速衰弱下去。不久，这位喜欢文学，也喜欢阅读 K 先生著作的规规矩矩的校长，开始怀疑自己患上了癌症。在恐惧的折磨下，他在深夜像变了一个人似的，经常暴跳如雷。最后，他对陪床的老妻破口大骂，一边举起鞭子抽打她那瘦弱的脊背，一边大喊着"我不想死！"，最终筋疲力尽而死。

这两个人的死亡几乎是同时进行的，"我"在同一年中目睹了他们在世的最后日子。在那个时代，癌症被视作不治之症，作为医生，不告诉患者本人，甚至不告诉患者的家人真实的病情，是起码的常识。

在当时，癌症的确是一种宣判死亡的疾病，所以告知会导致许多人迅速衰弱，实际上他们是被死亡的恐惧包围，在深夜里痛苦挣扎。我见过这样的情形，所以我认为医生不告知为好。

但是，我认为当时唯一可以告知的，是正在干什么大事的人。比如，对于那些为了完成一幅壁画耗费一生的时间，为了艺术冲动而工作的人，如果告诉他们"你还有半年的时间"，他们就会把剩下的时间拼命地投入到工作上。我认为应该向这些人明确地说清楚，以此为主题的是一九七〇年发表的小说《宣判死期》。

在这部作品中，六十三岁的艺术院会员、画坛巨匠 M 登场了。

国立 D 医院外科医生船井主刀对 M 实施直肠癌手术，但是为时已晚。他是直肠癌晚期，这一点在最初由痔疮权威、外科主任对其进行肛门触诊时就发现了。通过手术确认这一结果后，关于之后的处置办法，医务人员进行了讨论。船井提出，患者与一般人不同，他是一位艺术家，为了让他尽余生之力从事比生命还重要的未竟工作，是否可以告诉他死期呢？船井的这一主张得到了批准，于是医生告诉 M 还剩下一年的寿命。

但是，从这个时候开始，M 变得更加沉默寡言，恐惧感加剧，衰弱程度加快。两个月后，他突然提出开车去出生地外房的海边。他的愿望是"画着故乡死去"。可他非但没有拿起画笔，反而提前了死期，返回的时候，从背部到腰部的疼痛越来越厉害。旅行回来三周后，他将画具带进医院，强撑着病体作画。他因胸闷而死亡，时间是在旅行归来的五个月后，即手术之后的第七个月，只活了宣布寿命的一半多一点。

M 去世后，在已经成为画室的他的病房里，一幅三十号的画靠在墙壁上，画面上各种各样的鲜花争奇斗艳，在美丽的花丛前方，是一片宽阔而明亮的大海，这是一幅充满希望的画。在这幅竖起来的画后面，还有一幅二十号的画，画了几组男女的裸体像。明媚的房总春光和全裸的男女身姿，这是栖息在 M 内心深处的阳光和阴暗吗？最后，船井扪心自问：告诉他死期是好还是不好呢？小说以此收尾。

## 知情同意

现在已进入二十一世纪，情况与写这两部小说时截然不同。癌症的种类很多，治疗也是多管齐下，因此，通过告知让患者彻底了解病情，在此基础上，患者与医生共同面对治疗是最佳方案。

如果隐瞒癌症的事实实施治疗的话，每当患者问起来："这是什么药？""这是什么手术？"医生必须撒谎。医生很难受，患者也会疑神疑鬼，反而可能会使病情恶化。

所谓告知，并非死亡预告。在向患者本人说明病情时，应该告诉对方："情况是相当严重的，目前所能做的这个方案是首选。"像"还剩三个月"这种话是绝对不能跟患者本人说的。

包括这样的病情说明在内，知情同意非常重要。在这方面，美国已经走在了前面。这是因为在美国那样的诉讼社会里，如果发生问题，当事人在法庭上会被问"是以何种方式取得知情同意的？"。

在诉讼社会里，"对于这台手术，已经说过具有一定的危险性，而且患者本人是同意的。"这种证据非常重要。医生告知病情内容有书面记录，患者签字同意，这是很普遍的做法。

日本虽然也逐渐出现这种倾向，但是比起美国来还是不够彻底。不可否认这是由医生主导的。

## 适当的界限

如果自己最重要的人被告知"还剩三个月了"，该怎么办呢？

那一刻可能会因遭到巨大的打击而不知所措。虽然情况多种多样，不能一概而论，但是根据我所看到的情况，作为家属，是否对患者尽了最大努力，对患者的影响很大。

对于所爱之人的死亡，人们是很难接受的，而且还会说些诸如"那些事情还能做得更好""什么都没有帮你做"的话，并追悔莫及，对所爱之人死亡的悔恨和悲伤也会越来越强烈。

但是，如果有一种"已经尽力"的成就感和充实感的话，那就会成为对自己的安慰，就有可能平静地放弃。这种认同感一定会在失去心爱之人后抚慰心灵上的创伤。

但是，觉得"还有半年的寿命"而拼命护理的结果，虽然避免了患者在半年内死亡，但是如果患者在重症状态下苟活两年、三年、四年的话，这应该是一件值得高兴的事情，然而家人会诉苦说："无论在体力上还是精神上，都已经失去了力量，已经达到极限了。"

这种时候，也就是患者是一个植物人，长期处于昏迷状态，家人觉得能尽力的都尽力了，在感到问心无愧的同时，在精神和体力都达到极限的时候，就出现了安乐死这个问题。

## 所谓消极安乐死

一般来说，提起安乐死，大多数人印象中好像是医生注射肌肉松弛剂等药物。实际上，安乐死通常被分为两大类：一种是"消极安乐死"，即停止人工呼吸器等维持生命的治疗；另一种是"积极安乐死"，即由医生实施药物注射。

这里首先提到的是消极安乐死，具体来说，就是患者以每天大量输液维持生命，通过逐渐卸下延长生命的装置，造成自然死亡的样子。我认为，日本很多医院在心照不宣地实施着消极安乐死。

另外，到了这个阶段，"因为照料好多年了"，或者"因为多年来一直是这种症状"，根据这种逻辑判断，"已经这个样了，继续活下去，他本人也很痛苦"，或者"这家人在精神上、经济上都已经达到了极限"，更进一步说，"再也没有其他治疗手段了"，患者、家人、医生三方暗地里达成一致，实施消极安乐死。

消极安乐死被考虑的背景是现代医学的进步。过去，处于昏迷状态的重症患者很快就去世了。但是，现在输液、营养管理、镇痛、防止长褥疮等一般护理的应对能力提高了，处于昏迷状态、卧床不起的患者能够活很长时间。

医学的进步可以挽救许多人的生命，但同时也造成了很多困难，这也是事实。

### 关于积极安乐死

接下来，让我们来思考一下积极安乐死。荷兰是在法律上承认积极安乐死的。

许多人都还记得吧，曾有这么一则新闻，一名日本女人在荷兰选择了安乐死。她罹患甲状腺癌，虽然实施了手术，但是复发了，最后选择了安乐死。从癌症复发到死亡，她在疼痛中写下详细的日记，出版了一本名为《美丽依然》的书。对安乐死的迷茫和绝望、对家人的思念，还有剧烈的疼痛和精神的痛苦，在书中都有详细的记述。

在荷兰，她与一位家庭医生关系非常密切，她也向这位家庭医生提出安乐死的请求。在得到另一位专业医生的同意后，她提交了安乐死申请书。最后一天，她在家里组织了一场聚会，到了晚上，愉快地宴请宾客之后，只把丈夫和医生叫到自己的房间，迎接那一刻的到来。

在日本，积极安乐死并没有像荷兰那样法制化。无论在荷兰还是在日本，在尊重本人的意见这一点上是一致的。在这里，我想表达的观点是尊严死。我认为只有在身患不治之症、痛不欲生的情况下，患者厌弃在这样的状态下活下去，才可以接受积极安乐死。

实际上，日本有多少人希望安乐死尚不清楚，但是希望尊严死的群体组织是存在的。

一九七六年，国会议员、妇产科医生太田典礼先生创立了日本安乐死协会。一九八三年，该协会更名为日本尊严死协会，继续进行活动。

在自己的病没有治愈的希望，临近死亡的时候，自己拥有决定死亡方式的权利，该协会希望在这方面得到社会的认可。一年会费三千日元，缴纳十万日元即可成为终身会员，在这里可以发表"尊严死声明"（生前预嘱）。

其主要内容是，在身患不治之症且到了晚期的情况下，拒绝接受毫无意义的延长生命的治疗措施，希望接受最大限度的缓解疼痛的治疗；在陷入植物人状态时，移除维持生命的装置等。协会四分之三以上的会员为六十五岁以上的老人。

不过实际上，实行尊严死的人好像很少。这是因为，到最后患者大多处于昏迷状态，在本人缺席的情况下，如何救治只是家人和医生的问题。

所以，就日本的现状而言，在某种意义上，消极安乐死以前在"敷衍了事"中进行了好多例，我想现在也在进行中。虽然件数尚不清楚，但患者的家属会跟医生说，不忍看到患者痛苦的样子，能否想办法让他轻松一点。医生和护士都觉得他们很可怜并深表同情。有双方达成默契的例子。但是，即使在这种情况下，如果医生说"法律也允许，明天再做吧"，就有问题了。

我所说的"敷衍了事"，是因为患者过于痛苦，所以才稍微控制输液，从而导致其提前死亡的一种做法。契机是在各种条件都具备时。虽然契机的味道是温暖的，但是普遍认为这样的形式很现实。

这种"敷衍了事"感觉良好的地方在于，家人就不用说了，医生和护士也是，内心的某个角落藏着一种"做了不该做的事情"的罪恶感。"也许还能再活几天，不好意思啊，爷爷。"还隐藏着一种内疚的心情。

也许有点过于文学化，但是我希望珍惜这种罪恶感。正因为有这种感觉，才是一个真正意义上的人。如果把这个法制化并明文规定，直言不讳地说："好的，那就明天吧。"这样一来，就会彻底丧失罪恶感。希望医疗永远从人道主义出发，潜意识里要有非常抱歉的心情。

### 描绘生与死的情感纠葛

我想介绍几部小说，它们都以安乐死为主题，描绘了患者家人与医生之间的情感纠葛。

从一九六五年十一月开始的九个月的时间里，我在北海道立札幌整肢学院担任医疗科长，从事重度身心障碍患者的治疗工作。我把那段时间的工作经历写成了小说《灵》，它是一九六七年直木奖候选作品。

小说讲述了一位母亲来到整肢学院，打算为患重度身心障碍的女儿寻找希望的故事。孩子只有三岁，但是现实是没有恢复的希望，对于手足徐动症这种手脚无意识地剧烈痉挛的障碍，也没有合适的手术治疗方法。父母希望治愈女儿的想法与医生无法治愈的病情诊断之间，存在着巨大的落差。不久，女儿的病情令人绝望。在她的一生中，无论吃饭还是大小便，都不能自理，也不会说话，只能这样度过一生。得知这一情况后，母亲的心理发生了微妙的变化。医生惊讶地发现，在母亲痛苦的眼神中，出现了与之前无论如何都要延长女儿生命不一样的东西。当孩子得了肺炎时，医生按照母亲的要求，不移交大医院，仅进行最低限度的治疗。四天后，她女儿去世了。

在这种情况下，医生的立场是，在内疚的同时也要尊重患者父母的心情，以消极安乐死的方式施以援手。但是，在这件事情的背后，无论医生还是父母都竭尽全力，结果却是达成了某种无异于放弃的默契。

此后，我在一九七三年创作了《雪舞》、一九七八年创作了《众神的晚霞》两部医学小说。这两部作品都以脑死亡和安乐死等为主题。作为一名有从医经验的作家，经常面对生命与死亡，以此为题材写下来，从某种意义上也可以说是亲身经历的作品。

《雪舞》是从医生的视角撰写的一部长篇小说，描写了一个因患脑水肿和脊柱裂而处于植物人状态的出生六个月的婴儿的生与死的故事。患者的父母都是建筑师，为这个孩子的未来苦恼不已。结果，母亲接受成功率极低的手术，内心深处又潜藏着"死了也好"的想法。对被这种罪恶感折磨着的母亲抱有依赖心理的医生，也因人道主义和医德犹豫不决。事情的结局是，手术失败，主刀医生被追究责任，被降职下放到边远地区的医院。围绕一个幼小的生命，小说真实地描写了患者及其家人、医生和医院以及社会反响等多方面的问题。

在这种极端的情况下，医生可否根据自己的意志终止病人的生命？他们面临着严峻的选择。家人的想法也很复杂，就这样结束病人的生命到底是好还是不好呢？他们在这种抉择中痛苦不堪。这些仅仅靠表面上的逻辑是不能应对的，也是前面提过的"感性"立场上的主题。

另外，在《众神的晚霞》中，有一位三岁的男孩，他生来就患有脆骨病，肋骨骨折，大腿和膝盖畸形。主治医生"我"反复对他母亲说，因为小孩的肺活量小，内脏很脆弱，如果手术的话，中途死亡的可能性很大。但是，她仍然逼迫"我"，表示哪怕有一点点好转的可能，即使冒险也要进行手术。

负责麻醉的"我"在手术过程中，大脑曾出现过一片空白，打算放弃救治。虽然只有不到十秒钟的时间，但是他只要静待一分钟，男孩就会死亡。之后"我"全力振作精神，手术顺利结束。

五年后，患者八岁，父母分居，他随母亲在乡下生活。少年的畸形虽然没有治愈，但是他母亲明确地说，只要和儿子一起生活，就有生存的意义。表示只要儿子活着，自己就能活下去。

还有一个故事，一位女性因患子宫癌晚期而疼痛难忍，她丈夫恳求"我"说："想让她轻松一点。""我"使用了大量的麻药，虽然减轻了她的痛苦，却提前结束了她的生命。书中还穿插了一个故事，有一位小学退休校长，半年前因患脑梗死而倒下了，最后他把自己饿死了。他是那种不愿给别人添麻烦的人。后来他一个人连厕所都去不了，话也说不出来，从死亡前半个月开始，就突然什么也不吃，滴水不进。

另一方面，主人公"我"在大学附属医院脑外科的时候，曾与同伴做过在患者接受脑部手术时阻断颈动脉的血液流动，观察患者大脑的状态和脑电波的实验。这在临床上不一定有危险，而且应该有助于手术的进步。然而，由于一名医生的无心之言，"我"受到了做人体实验的指责，被迫引咎辞职，来到北海道一家偏远的城镇医院。

像这样，我以自己作为医生的体验和各种各样的见闻为基础，写了这些小说，讲述了医疗现场和与其相关的各种各样的人的生活方式和烦恼痛苦，以及在理性和感情之间摇摆不定的人的坚强与脆弱。

反过来说，根据荷兰法律，在一定条件下实施安乐死的医生是不会被追究法律责任的。但是，即便如此，我也希望医生不要忘了杀死这些人的那种"内疚感"。失去了这种内疚感，把安乐死完全当作一项单纯的医疗技术，那是很可怕的。


## 从痛苦中解脱出来

在思考安乐死的时候，我想探讨一下通往死亡的道路。

首先，关于癌症晚期患者的疼痛护理，以前治疗疼痛一般都是使用吗啡。但是，现在不仅使用吗啡，还出现了止痛诊所，也就是说，疼痛缓解疗法有了很大的进步。营养调理就不用说了，由于在一定程度上控制了疼痛，癌症晚期患者的脸色也变好了，瘦得皮包骨头的人很少见到了。

在止痛诊所，麻醉医生并非单纯地对癌症晚期患者注射镇痛剂，而是一边观察患者的全身状况，一边在点滴中慢慢加入止痛药，努力让患者保持无疼痛状态。

即使不是临终关怀这样的临终医疗机构，在缓解和控制疼痛方面也做得相当好了。而且，营养调理也很好，即使是癌症晚期患者，也能精神饱满地与别人交谈。因此，当听说去探望的人第二天就去世了，很多人会惊讶地说："那么精神，可惜了。"虽然癌细胞已深度扩散，但医疗机构的镇痛和营养调理做得好，患者直至临终前都不会太痛苦。无论对于患者本人还是守护在身边的家人来说，这都是一件好事。


## 临终关怀

最近，晚期医疗和临终医疗，即临终关怀、缓和护理的设施增加了很多，实际情况也好了很多。

不仅仅是治疗，还能想到另外一种医疗方式，这是巨大的进步。如果患者本人临终前的愿望多少能够得到满足的话，那就再好不过了。

这里稍微提一下临终关怀医院，临终关怀医院是一个进行临终医疗的场所，并不进行积极的治疗。也就是说，这是患者死亡之前的治疗场所，希望患者在一个阳光明媚、安静舒适的环境中，安静快乐地享受余生。实际上，这里几乎所有的设施都被绿色包围，为了让患者平静地度过每一天而费尽心思。

但是，不要忘了，尽管我们为患者准备了这样一个周边环境和自然风光俱佳的场所，但那毕竟是陪伴患者"安享余生的场所"，对患者本身的心理治疗并不容易。能够进行这种护理的，是家人，还是陪护左右的护理人员呢？也许每个人都不一样，但重要的是心灵，而非"场所"。

# 第八章

# 把社会的事情当作自己的事情

我们都是在现代文明和现代医学的庇护下生活着。

忘记了这个事实，

反而说什么『人应该顺其自然地生活，

不应该从别人那里获取器官』等，

只能算是一种信口开河的任性罢了。

### 即视心脏移植

关于器官移植，我有着非常深刻的经历。

一九六八年夏天，时任札幌医科大学胸外科主任教授的和田寿郎教授，实施了日本首例心脏移植手术。在那前一年，南非的克里斯蒂安·巴纳德博士实施了世界首例心脏移植手术。和田教授实施的是第三十例心脏移植手术，这在世界上也是非常早的。

但是，在那之后，日本的器官移植戛然而止，直到三十一年后的一九九九年，高知红十字会医院才重新开始器官移植手术。在这停滞了三十一年的时间里，日本的器官移植明显落后于世界的发展。

在日本实施首例心脏移植手术时，我是札幌医科大学整形外科的讲师。胸外科研究室在我的研究室对面，中间隔着一条走廊。对于日本的首例心脏移植手术，同期有五名工作人员参与进来，因此我对这例手术十分关注。特别是在第一时间听到手术成功的消息时，对于在自己的大学进行这种划时代的手术，自豪感瞬间油然而生，感到由衷的高兴。

但是，我在学校听了很多细节之后，疑窦丛生。其中一个是关于"脑死亡的判定"，另一个是关于"适应"。所谓"适应"，是指那名患者是否真的需要心脏移植。

接受移植的是十八岁的男青年 M，捐献者（器官提供者）是一名二十一岁的大学生。那是盛夏时节发生的事情，我至今记忆犹新，因为捐献者是在距离札幌约一个半小时路程的小樽洗海水澡时溺水。这名青年在溺水后一直昏迷不醒，被送到了小樽医院，并于当晚八时左右被转到了札幌医科大学附属医院。检查结果显示，他处于脑死亡状态，医院决定进行心脏移植手术。

在这里，脑死亡的判定就是一个问题，这种判定原本需要多名医生鉴定。

和田教授进行心脏移植手术，也是多名医生共同做出的判定，但是实际上，如果教授的诊断在前，作为下属的其他医生就会说："的确如此。"附和的可能性很大。虽不能说是绝对的事情，但出现这类指责也是理所当然的。此外，因为没有进行脑死亡诊断所必需的脑电波检查，疑问进一步扩大。关于是否合适，内科医生也提出了意见，指出在心脏移植前，是否可以考虑不做呢？心脏移植是一台大手术，需要将大心房全部替换，可否考虑采取只换心脏瓣膜的心脏瓣膜置换术。

除了"脑死亡的判定"和"是否合适"这两个问题，有人对麻醉科医生也提出了质疑。疑点就是，在实施麻醉的时候，就给病人注射了排斥反应抑制剂，是否一开始就为心脏移植设定好步骤了。在对这些问题进行讨论后，决定由评论家秋山千惠子以及时任保健同人社社长的大渡顺二等人为发起人，提起诉讼。

另一方面，接受手术的 M 君在之后三个月里勉强支撑着，但是排斥反应强烈，最后因肝脏损伤和肾脏损伤而死亡。

因为手术本身在密室进行，起诉方缺乏客观资料，检方无法维持公审，诉讼被驳回。就这样，手术的内容并没有向公众说明。

包括胸部外科学会在内的日本医学界，当时也没有对这个问题进行彻底的总结定性。对于和田教授，外科学界评价他是日本唯一实施心脏移植手术的医生。

事实上，和田教授是一名非常优秀的医生，他在美国留学后回国，在当时是一名年富力强、朝气蓬勃的外科医生。我在整形外科做脊椎手术的时候，需要从正面打开胸部，因此必须与胸部外科团队联手实施手术，从而有过几次与教授合作的机会。他的手术技术出类拔萃，手术时间很短，出血量也少，我对其技术非常佩服。但是，关于这台日本首例心脏移植手术，其实际情况确实被掩埋在黑暗中。

关于以心脏移植为主题的小说，我分别在一九六八年发表了《双心》、一九六九年发表了《白色酒宴》（原名《小说·心脏移植》）。

《双心》的主人公是一名讲师，日本首例心脏移植手术团队的领导、主刀医生是一名留美归国的教授，讲师被任命为心脏摘除手术的主刀医生。教授指定的捐献者是一名二十八岁的司机，他在一次交通事故中造成了颅内骨折，昏迷了十天。讲师被安排了一项令人心情沉重的工作，即劝说司机陪护的妻子在限定的天数内捐献器官。司机是讲师收治的患者，作为主治医生的他，从一开始就强烈反对这台手术。对此，妻子也不太容易接受，但最后还是同意了。这样，手术秘密地进行，由于抑制排斥反应的方法失败，接受移植的患者在四天后死亡。妻子在听到这个消息后，说了句："死了呀。"第一次笑出了声。看到她笑的时候，讲师也笑了起来，突然觉得自己也到了离开大学附属医院的时候了。

《双心》实际上是在札幌医科大学附属医院实施手术两个月前完成的作品，但刊载这篇文章的杂志就像在等待手术开始。后来听说记者们轮流阅读，将其当作医学教科书。

《白色酒宴》是一部源自我亲身经历的长篇小说。这两部小说都各有其意义，对我来说都是记忆深刻、里程碑式的作品。

## 由医生转行成为作家

另外，说起我个人，因为当时我是大学内部人员，所以未被列入起诉人名单，但是在事件发生后，在接受周刊杂志采访时，说了些批评的话，还写了以心脏移植为题材的小说。特别是在采访中，称呼和田教授的用语，在杂志刊出后，被删去"教授"两字，变成我直呼其名"和田"，给人一种对教授失敬的印象。而且，我的主任教授让我注意，单位内部的事情不能太公开化。我那时还不到三十五岁，不知道什么是可怕的。当时和田教授是手术部的部长，所以出入手术室就不用说了，在医院也是待不下去了。

我去一家地方医院待了一段时间，回来后，听到类似"渡边跟媒体有联系"的话。我想在这种状态下，在大学里待着也没有用，毅然决定辞职。当时，我一边当医生一边写小说，作品还获得了芥川奖和直木奖的提名，因此，我决定尝试着写小说，就来到了东京。

因为发生了这样的事情，和田心脏移植在日本社会引起强烈的震动，成为医学界的一个大事件。同时，对于我而言，这是我成为作家的转折点。从这个意义上来说，这是一个令人难以忘怀的事件。

如果当时我所在的大学没有发生这样的事件，我没有遭到那种批评，在大学里还能待下去的话，也许我现在还在札幌或某个地方当医生。我并不是宿命论者，只是觉得人生因突发事件而改变，这是不可思议的，也是令人害怕的。话又说回来，如果我还是继续当医生的话，即使写小说，也只能写些不彻底的东西。

来到东京一年后，一九七〇年七月，我的作品《光与影》获得直木奖。我也因此获得了一个契机，奠定了自己作为一名作家的地位。

《光与影》这部作品描写的是人的命运变化，在西南战争中负伤的两名青年陆军上尉，因为一个偶然事件，人生发生了巨大的变化。在人的一生当中，究竟是什么改变了自己的命运？这些用道理是解释不清楚的，是令人害怕的，是带有瑰丽色彩的。对于这些，我是有切身体会的。

现在回想起来，在作品发表的前一年，我辞去了医生的工作，去了东京，转身走上作家的道路。对于我来说，那时正处于人生的十字路口，所以也可以说，自己的亲身体验为获奖作品提供了灵感。

## 脑死亡与器官移植

一九六八年的和田心脏移植手术，普遍认为对日后日本心脏移植的发展带来了巨大的负面影响。第一例在疑云重重中不了了之，因此有人说日本人对心脏移植强烈排斥，但我并不这样认为。

为什么这么说呢？因为现在大多数人都不知道和田心脏移植手术，在当时也是大多数人不知道实情。虽说有疑问，但也是专业领域的问题，一般人只是听到了失败的传闻。我不认为这是日本心脏移植推迟三十多年发展的根本原因。

那么，为什么心脏移植在日本推迟那么久呢？

首先想到的理由是，日本人的国民性与器官移植这种医疗行为不契合，这是事实。

所谓器官移植，最大的特点是首先必须有捐献器官的人。在这种情况下，心脏和肝脏移植的问题尤为突出。肾脏移植在日本很普及，这里有个有利的地方，就是可以从死人那里移植肾脏，而且肾脏有两个，即使取走一个也是不要紧的。

但是，心脏和肝脏移植在捐献者死后就来不及了。基本条件是心脏还活着、还在跳动，于是，确定脑死亡状态就成了问题。但是，这种脑死亡状态对于日本人来说非常难以接受。至少在旁人看来，只要还戴着人工呼吸器，不就还活着吗？

在这里，有一点很重要，植物人状态和脑死亡是两个概念。

所谓植物人状态，是指人类最基本的生存条件下的活动状态，除了脑外伤，脑出血、脑梗死等也会引发同样的情况。

这种植物人状态，虽然没有意识，但是就这么一直睡着，只要护理得好，就能活很长时间。而脑死亡，如果放任不管的话就会立即死亡。因为自己不能呼吸，所以为了让其活下去，就必须使用心肺复苏机。植物人状态下还有自主呼吸，而脑死亡状态下没有自主呼吸。这是两者最大的区别。在脑死亡的状态下，如果切断心肺复苏机的电源，病人就会马上死亡。

但是，很多人无法用脑死亡来理解在心肺复苏机中活着的状态。因为植物人有体温，所以家属深信其还活着。即使被告知"这个一取下来就会死"，也不会轻易接受，因此不会特意去捐赠器官。

与其说日本人很难理解脑死亡状态，不如说他们的情绪反应过于强烈，不容易适应这种冷冰冰的感觉。这种心情强烈地影响着病人的家属。他们不愿意捐献器官，是器官移植进展不顺利的重要原因。


**看重身体、崇尚家庭主义的日本人**

器官移植推迟的第二个原因，是日本人对于在活着的时候损伤身体，反应非常强烈。"身体发肤，受之父母，不敢毁伤，孝之始也。"正如这句话所说，损伤身体就是对父母不孝，这种观念根深蒂固。尽管已经脑死亡、处于无法挽救的状态，也要尽可能地不损伤身体，这种想法在日本人当中尤为强烈。

但是，在器官移植中，为了完整地取出心脏和肝脏，就会严重地损伤身体。再加上日本人对遗体有着强烈的执念，即使是在飞机失事等事故遗体收容很困难的情况下，亲人们只要没有亲眼确认遗体，就不会轻易接受。

这种对于身体的观念认知，对器官移植也有很大的影响。说服看重身体的家属，让其同意亲人作为捐献者提供器官，这是一件非常困难的事情。

第三个原因是，日本人所谓的志愿精神、博爱精神，与欧美国家的人比起来，相对薄弱。奉献是一种精神，然而日本人很少有替陌生人奉献的想法，奉献的大都是至亲的人，亲子关系紧密得异乎寻常。

过去，医院经常做活体肝移植手术。这是一种这样的手术，小孩由于先天性胆道闭锁等疾病必须进行肝移植手术时，父亲或者母亲把自己的活体肝，也就是鲜活肝脏的一部分切除移植给孩子。这种手术在美国几乎不做，在日本却经常有，这是因为日本有着独特的密切的亲子关系。像这样，日本人会把自己器官的一部分切下来捐献给自己的亲人，却不会百分百地提供给邻居的孩子。活体肝移植曾一度被新闻媒体当作宣扬亲子之爱的美丽神话，大书特书，但是如果换一个角度来看，不能不说是亲子之间的利己主义。

这种手术除了技术还有其他问题，愿意捐献器官的父母姑且不论，并非所有的父母都能捐献。其中，也应该会有父母认为"这样的事情太讨厌了"。这样的父母会被指责为冷酷无情的父母，孩子会认为，因为父母不给自己捐献器官，所以自己会死，并不得不死。而且，这种差别感绝对不是理想的状态。总之，家庭主义在日本人心中根深蒂固。而另一方面，对陌生人却麻木不仁、漠不关心，这可以说是农耕社会同伴意识的残渣吧。

然而，脑死亡时的器官移植，捐献者不知道自己的器官给谁了。医生进行血液等检测，然后匹配给最合适的人。当然，原则上捐献者是不会有任何回报的。

这在任何一个国家都是一样的，虽然收不到受捐者当面的感谢，但这是建立在对这个世界上的某个人有用的博爱思想上的。但是，对这种想法很难适应的日本人会觉得，与其给某个陌生人，还不如放弃。遗憾的是，这种博爱思想的欠缺，可以说是日本人的一大特点吧。

我在一九八二年发表了一部关于肾脏移植的长篇小说，名为《一个漫长炎热的夏日》。

这部小说讲述了这样一个故事。某天晚上，在箱根芦之湖附近，一名三十五岁的男性司机驾车撞上护栏并被送到了医院。但是，由于大脑严重受伤，医生估计他还剩下几个小时的生命，医院方面希望他的家人同意捐献他的肾脏。他的妻子起初答应了，但是随后赶来的母亲和亲戚强烈反对。医生讲明了手术的意义并进行了说服，在得到他家人的理解后，立即判定血型和组织匹配度，从登记备案的移植预订者中确定了接受肾脏捐献的患者人选。

一位是因交通事故而脑死亡的患者，一位是急着从捐献者身上取出肾脏的焦灼医生，还有一位是眼巴巴等待肾脏到来的少年，时间刻不容缓。这里上演了一场肾脏移植手术的"生死时速"。另外，在其背后，隐藏着捐献者家属的困惑和医生们的利己主义等各种各样的情感纠葛。

移植肾脏需要技术和设备，存在着各种各样的问题，而在小说中，还发生了另一幕悲剧。在手术输血之前，由于血型不同，患者被查明并非其父亲的亲生儿子。

在我以往的从医经历中，我感受到了各种各样的疑问。我写这本书的目的，就是想请更多的人思考这些问题。


**谁才是真正的弱者？**

二〇〇四年三月的一项统计表明，日本需要进行心脏移植和肝脏移植的患者有近一百五十名。换句话说，如果没有人捐献器官的话，这近一百五十名患者将在几年内死亡。

这些患者的实际情况着实令人痛心。比如，心脏病晚期必须进行心脏移植的人，如果不进行心脏移植，无助的病人将会脸色苍白，瘦得皮包骨头，日夜不停地剧烈咳嗽，呼吸困难，奄奄一息，苟延残喘。患先天性胆道闭锁的小孩需要进行肝移植，他们静脉突出，腹部肿胀，几乎不能吃东西，不停地吐血，眼神迷茫，非常悲惨。而且，患儿每天打点滴，死亡的恐惧不断地向他们袭来，其家人却只能眼巴巴地看着，竭尽全力进行护理。这些家庭唯一的希望就是接受脑死亡患者的器官移植，但在日本，捐献者不是那么轻易就能找到的。因此，去国外接受器官移植的患者络绎不绝，但是也面临着各种各样的困难。

患者及其家属一日三秋，望眼欲穿，迫切地等待实施器官移植手术，期待有人伸出援助之手。而在现实中，这类患者经常会处于绝望状态。

眼前有痛苦不堪的患者，也有拥有治疗技术的医生。只要有同意捐献器官的人，患者家属就不用眼睁睁地看着家人死去。

现在反对器官移植的人，声称是为了保护弱势群体脑死亡者的人权。可是，我想问他们的是，那些因此而不能接受移植、含恨而死的人们，难道不是弱势群体吗？

### 反对的依据

有不少日本人，与其说他们对科学文明的进步有着强烈的排斥反应，倒不如说他们深信对这些东西持反对立场就会显得与众不同。很多人甚至以同样的立场反对脑死亡和器官移植，特别是那些自诩进步派的文化人，这种倾向似乎尤为明显。

特别令人难忘的是，一九九〇年脑死亡和器官移植临时调查会（以下简称"脑死临调"）成立之初，某报对三十名有识之士就脑死亡问题进行了问卷调查。对此，绝大多数文化人不承认脑死亡。其中有一位作家是我的朋友，我问他："你说你不承认脑死亡，那你知道脑死亡本身的定义吗？"他是一窍不通。虽然我提醒过他，如果不懂，就应该回答"不清楚"，回答"反对"会给人留下另一种的印象。他也注意到了这一点，但表面上还是继续持反对立场。

"脑死临调"最终得出的结论是，基本上承认脑死亡，但是应当在大家更加充分地考虑的情况下。关于脑死亡的争论告一段落。一九九七年，《器官移植法》颁布实施，终于可以以器官移植为前提判定脑死亡。但是，脑死亡是否等同于人的死亡？是否允许器官移植？对这些情况进行判断需要很专业的知识，这些问题不应该是询问普通民众的问题，这是我个人的观点。

可以向海外派遣自卫队吗？百分之五的消费税是否合适呢？诸如此类的问题应该听听大家的意见。而是否承认脑死亡这种科学的、专业的问题，去问普通人则是勉为其难，是一种错误的做法。

日本人很容易随波逐流，不好好学习就反对是很滑稽的。如果只是因为反对是一种时髦而反对的话，反而会带来麻烦。


## 对试验医学的觉悟

即使对于新型的、划时代的手术和治疗，日本人也是非常慎重的。因为临床试验少，所以要小心谨慎，那是理所当然的。但是，总的来说，"先有人做了，看结果再说"，有这种自私想法的人占了一大半。具体来说，就是先确认一下安全系数是多少，确认百分之百安全后才接受。但是，无论什么样的手术和治疗，在初始阶段都不能断言是安全的。经过成百上千个案例不断积累经验，安全系数才会增加。

像这样，大多数日本人都是在确认安全之后才接受手术，那么在危险系数高的时候由谁来接受手术呢？在这里，我马上想到了美国人。医学要取得根本性的进步，就必须有不断挑战新方法的医生，还要有接受新方法并进行配合的患者。这种时候，日本人是不会百分之百地接受挑战的，美国人则会勇于挑战。这种根本性的差异，也会影响医学的进程。

美国在过去的四十年里，器官移植发展得非常迅速。在这个过程中，我认为他们了不起的地方是所有的信息全部公开。而且，医生不断地与社会做斗争。当然，手术未必都是成功的，也有很多医生被患者起诉。对此，医生们会堂堂正正地公开信息，积极应诉。他们拥有这样的历史，所以现在从事器官移植的医生们异口同声说的话就是"向上帝发誓，我们所做的一切都是没有错的"。斩钉截铁地向上帝发誓，我认为这正是他们的强大之处，也是他们独创性的源泉。

所有的医学，最初都是试验医学，有很多人因为失败而失去了生命。在这个过程中，既有坚信"向上帝发誓，我们所做的一切都是没有错的"，结果却导致患者死亡的医生，也有和医生一起向上帝祈祷接受手术的人。想到他们的决心，我甚至觉得他们身上背负着某种崇高的使命感。

在前文提到的我的直木奖获奖作品《光与影》中，有小武敬介、寺内寿三郎（后来叫正毅）两个人物。巧合的是，他俩都是在西南战争中右手腕负伤，住进了大阪陆军临时医院，三天后将接受右手腕截肢手术。病历刚好放在上面的小武先接受了手术，但是这个偶然决定了两个人的命运。医生对小武按惯例实施了右手腕截肢手术；但是在寺内走上手术台时，主刀医生突然想到用庞贝医学书上写的新的手术方法进行试验，为其摘除了粉碎骨片。

结果，寺内的伤口长时间化脓，他因发烧而痛苦不堪；而失去右手腕的小武在编入预备役后，成为陆军的一名事务长。另一方面，形式上保留手腕的寺内后来在重返陆军后出人头地，最终从陆军大臣升至内阁总理大臣。年轻时远比寺内优秀的小武难以忘记昔日的梦想，诅咒命运的不公，最后疯了。两个人的人生就像光和影一样，形成鲜明的对比。站在医学进步的前沿，在试验手术中受益的人和没有受益的人，两者之间的差异鲜明地显现出来。

确实，这种手术方法在日本是首次尝试，只有在战争时期的军队医院才能够直接尝试。但是，这样的冒险也促进了医学的进步，这是事实。

日本虽然摸索出了器官移植等新的手术方法，但被认为尚未成型，我认为原因在于对这些新的医疗技术缺乏觉悟。

## 消极主义

现在，脑死亡器官移植是被认可的，但是在实施时首先要有器官捐献者，如果没有就完成不了。更重要的是，捐献者必须年轻，本人必须持有表明捐献意愿的器官捐献意愿卡，家属必须同意。确认了这些手续后，器官才能送到患者所在的医院。

但实际上，医生不愿意认定自己的患者是捐献者。为什么这么说呢？因为日本的脑死亡判定标准相当严格。如果想要满足这些条件，与其说是脑死亡，倒不如说是完全死亡，这种可能性很大。更有甚者，如果判定患者为脑死亡，媒体就会蜂拥而至：完全达到判定标准了吗？本人的捐献卡完好无损吗？其家属持积极态度、同意捐献吗？等等，都会被仔细追究。判定脑死亡的医生在现实中无利可图，反而成天被这些烦琐的问题困扰，因为嫌麻烦而选择了放弃，有这样的想法也不难理解。

但是，如果没有医生判定患者为脑死亡，就不可能完成器官移植。实施器官移植手术的医生也是一样的。手术是否成功？为什么对这名患者实施手术？等等，会被追问各种各样的问题，最后，如果手术失败了，还会遭到多方指责。特别是医院院长等人，他们觉得做这种事情很麻烦，万一出现责任问题，是相当划不来的，因此很多人想着能避则避。在这样的"消极主义"中，器官移植这样的手术不能顺利进行也是理所当然的。

另外，在普通人中，也有人对器官移植表示不理解，有人甚至公开表示："都到了要别人器官的程度了，我也不想活了。"除了器官移植别无选择的人这样说还说得过去，健康的人不应该说这样的话。还有，假设你只能通过器官移植生存下去，别无他法，如果不接受器官移植，就会在半年后死亡，在这个时候，你真的能说不需要吗？希望能够坦率地考虑一下。

另外，也有人以"顺其自然"为理由，反对器官移植。但是现在，我们无论住在日本的哪个地方，没有哪个人是生活在大自然中的。在深山老林或热带草原中生存，被蚊虫困扰，遭遇各种各样的不便和危险，那才叫生活在大自然。

感冒了，无论是去医院还是吃药，都属于享受现代文明的恩惠。与器官移植相比，尽管疾病的严重程度不一样，但我们都是在现代文明和现代医学的庇护下生活的。忘记了这个事实，反而说什么"人应该顺其自然地生活，不应该从别人那里获取器官"等，只能算是一种信口开河的任性罢了。


## 四项权利

我在前文也提到过，日本有许多人若不进行器官移植就会失去生命。然而，由于这些人不能进行器官移植，无异于整个社会对他们见死不救。

在美国，这样的事情很难发生。多年前，在 UCLA（加利福尼亚大学洛杉矶分校）医院邀请我参观肝脏移植手术时，我问他们患者需要花费多少钱。他们说因为享受健康保险，患者实际只需支付两三万日元。在那所医院，当时每天做两三台肝脏移植手术，这种手术完全是常规手术，现在应该是非常常见的手术吧。

但是在日本，深受病痛折磨的人，要么筹集几千万日元去国外接受移植，要么待在日本一味地等待可能性很低的捐献者出现，别无他途。此外，日本禁止未满十五岁的小孩捐献器官，这就关闭了挽救幼小孩童生命的通道。

在这种情况下，除了去国外就医，没有其他办法，但这需要巨额资金。

而且，即使顺利地去了国外，在现实中，日本人似乎也不太受欢迎。这样说也是因为听到了这样的声音，在本地患者一直在等待器官移植的情况下，不允许日本人凭借金钱加塞夺走器官。拥有一亿多人口的日本，为什么连器官都供给不了呢？外国人对此感到不可思议也是理所当然的。

话说回来，人是一种欲望无限的生物。如果采取现有的器官移植办法，就能够长久地活下去，现在却被要求去死，这是一件非常痛苦且残酷的事情。现代医学的进步是我们人类创造的，我们必须承担起责任。从这个角度出发，希望大家能慢慢考虑成为捐献者，接受器官移植。

最后，我想补充的是，器官移植具有四项权利。说起这四项权利，首先就是接受和拒绝器官移植的权利。假设你心脏不好，在听到医生说只有心脏移植这个办法时，你有权回答"一定接受"，或者说"不需要，就这样等死吧"。这是受体，即接受移植一方的权利。

而且，捐献者一方拥有"捐献"和"不捐献"器官的权利。一部分人担心，一不留神就会被随便摘取，这类情况是绝对不会发生的。对其中一项写着"不"的人、未持有意愿表示卡的人，绝对不会从他们那里摘取器官。我希望大家不要忘记这四项权利。

日本的脑死亡器官移植落后欧美发达国家三十多年，并一直处于这种状态。一九九七年《器官移植法》实施以后，脑死亡器官移植案例也很少。作为社会的一员，我想把"社会的事情"稍微当作"自己的事情"，深入思考这个问题。

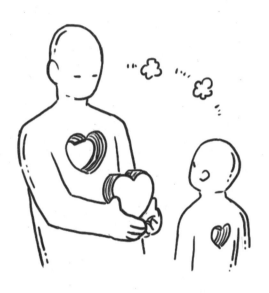

# 第九章
# 人类的本性与优点

现在的医疗课题有各种各样的东西，

越讨论越存在个体差异，

光靠道理无法解释的问题也在增多。

但是换一种视角看，

这种暧昧正是人类的本性，

也是人类的优点。

## 渴望美丽

在尖端医疗中，我们最熟悉的就是美容整形。

自古以来，让自己变得美丽是女性永恒的愿望和憧憬。"假如克娄巴特拉的鼻梁再低一点的话，历史就会被改变。"就像这类话所说的那样，女性的美貌有时具有改变历史的力量。

美容整形能够比较容易地让女性变得更加美丽，特别是小型整形，安全而简单，所以，以"我想改变丑陋的、不自信的自己""我想让自己变得更加自信"等为理由到医院的人与日俱增。

根据厚生劳动省进行的医疗设施调查，在最近的十五年间，美容外科诊所的数量逐渐增加到原来的四倍。在年轻女性的烦恼中，由容貌引起的占绝对多数，许多女性希望通过小型整形，在容貌变美的同时，获得精神上的安宁。

但是在这个过程中，许多人持反对意见，尤其是保守的男性。他们认为不应该随意改动父母赐予的东西。但是我个人认为，如果通过整形，哪怕从根本上有那么一点接近自己所期望的容颜，就可以去尝试。

　　本来，只有天生丽质的人，才会从少女时代就受到追捧。而丑陋的人就像永远被抛弃一样，处于不平等地位。经常说不允许种族歧视，但是发生在美女与丑女之间的歧视更加残酷。美女从一出生就在各方面备受青睐，而丑女可能一辈子都被冷漠地无视，这种歧视比种族歧视更严重、更不合理。

　　如果现代医学的进步能让那些被歧视的人从这种不平等中解放出来的话，那真是太好了。而且，如果因此而改变性格和行为，那简直就是对人类的救赎。

　　然而，到目前为止，做美容整形的人，好像是美女占绝对多数。为什么丑女不做美容整形呢？这也许跟学生作弊是同样的道理。总的来说，学霸和学渣一般不会作弊。实际上，这两个群体都没有必要作弊，即使作弊了也没用。于是，那些得了七八十分，加把劲就能接近一百分的孩子，就成了喜欢作弊的人。美容整形也是如此。倾国倾城的美女和丑到极致的丑女，都不会去整容。再努力漂亮一点点，就能够跻身美女行列，这些人最希望整容。

　　但是，如今时代变了，所谓的丑女也想整容了。这是非常美好的事情。因为一直受到不公平对待的人站起来了。这才是真正在平等的道路上迈出坚实的一步。

特别是在最近的电视节目中，她们带着整形前和整形后的照片微笑着登台亮相，着实让人大吃一惊。以前曾有过的那种把整形当成秘密的心情，以及某种羞耻心和悲壮感，这样的气氛都淡薄了。她们会堂堂正正地说："请大家看看变得这么漂亮的我。"通过她们登台亮相，很快就会明白，整形后，她们的性格变得积极开朗了。因为能够轻松地进行小型整形，从积极意义上来看，整形本身的难度也降低了。另外，根据某美容整形信息中心的调查，想做的手术，按照人数从多到少依次是眼部整形、鼻子整形、丰胸、吸脂。

不过，有一点需要注意的是，以小型整形为主的美容整形并非厚生劳动省所批准的项目。简单来说，美容外科医生在厚生劳动省的管辖范围之外，美容整形不能受到基于《医师法》的《健康保险法》的保护。因此，在接受美容整形的时候，不能忘记自己终究是得不到法律保护的。另外，因为不适用保险，所以费用也没有明确的规定。包括这一点在内，必须事先请负责的老师做到充分的知情同意，"万一遇到这种情况必须这么做"，诸如此类的条件应该提前商量好。

只要注意到这些，就能在一定程度上接近理想中自己的样子，可以说这是现代的梦幻治疗吧。


## 上帝对疾病的不平等对待

人类一直在努力攻克癌症等疑难杂症，并取得显著的成就。但是，尽管拥有了现代医疗技术，基因病却很难治愈。这是一种与基因有关的疾病，如果不改变基因，就无法治愈。当然，为了治愈这种疑难病症，现在正在推进的是基因治疗。

现在，人类基因组的解读正在飞速发展，如果解读完全结束，只要用针刺破DNA（脱氧核糖核酸）螺旋形状的某个点，就能消除该疾病的基因，说不定就能治愈基因病。

许多人认为不应该随意操纵由上帝创造的基因，而另一方面，有些人天生就患有只有操纵基因才能治愈的疾病，他们期待着这种新的治疗方法的出现。

DNA的确是上帝创造的，如果可能的话，还是希望能够治愈遗传性疾病。基因病本身就是天生的，也就是说，这本来就不是绝对平等的。

用人类的双手纠正上帝对这种疾病的不平等对待，这不是什么坏事吧。而且，在这方面也迫切需要设定新的伦理道德。

## 如何跟日新月异的医学打交道

现在回想起来，我所接触的心脏移植手术，可以说是新医学的第一次浪潮，是我从未想过的第一次。当初，谁能想象得到把器官移植到别人身上呢？一想到现代医学今后会发生多大的变化，我就感到恐惧。

不过，有一点可以肯定，人类的伦理观即使历经千年也不会轻易改变。因此，至少在一百年内，不会出现戏剧性的变化。

现代医学突飞猛进，通过器官移植和基因治疗，生与死的界限将会变得模糊，甚至连生与死都能够被操纵。现代医学的进步引入植物人状态和脑死亡，如果想杀死植物人状态的患者，马上就能杀死。这个变化是令人难以置信的，但我们长期以来根深蒂固的善恶观并没有发生根本性的变化，只是有些困惑，这就是现状。

而且，现场的医生也很困惑。比如，器官移植最让医生头疼的是脑死亡的判定。当然，因为这样可以挽救生命，所以堂堂正正地做判定是无可厚非的。但是，在那之后，医生还要考虑因脑死亡而捐赠器官的患者及其家人的心情。这种情况是医生在那种场合面对的，坐而论道的评论家和用理论武装头脑的人，是不容易理解的。

现在的医疗课题有各种各样的东西，越讨论越存在个体差异，光靠道理无法解释的问题也在增多。而且，我个人也对自己跟不上日新月异的医疗技术的现状进行着思考，对不能给出明确答案的诸多难题深感焦虑。但是，换一种视角看，这种暧昧正是人类的本性，我认为这也是人类的优点。

第十章

『为老不尊』，品味生命的真情实感

觉得余生短暂而完全燃烧型的人，

正因为意识到了人生的目的，

所以健康长寿。

他们觉得余生短暂，

在拼命地做各种事情的过程中，

又发现了新的可能性，

能够品味生命的真情实感。

### 法国一对美丽的老夫妻

二十一世纪初，日本人的平均寿命，男性约为七十八岁，女性约为八十五岁，退休后应该还有二十年的时间。这段时间如何生活，是一个重大问题。

以前，我在法国的卢瓦尔河谷旅游时，有件事给我留下了深刻的印象。

一对看起来约八十岁的老夫妻走进了小镇的一家小饭馆。男的较瘦，步履蹒跚，戴着一顶贝雷帽，穿着一件宽松的上衣；女的稍胖，穿着一件华丽的礼服，脖子上戴着一串项链。两个人看着我们笑了笑，说："你们是从哪里来的呀？""祝你们旅途愉快！"他们是一对夫妻吧，脸上满是皱纹，明显渗出了衰老，但这样的两个人一边愉快地交谈，一边用刀叉大口地吃肉。

看到这两个人愉悦的情景，我的第一反应是"这才叫生活"。

这是我的真实感受。在欧洲，像这两个人一样的老人随处可见。他们即使老了，也打扮得很美，大口吃肉，洒脱奔放，精神矍铄。

与此相比，日本老人给人的印象却大多是老气横秋，他们大多闭居家中。

在美国等国家，经常能看到一对老夫妻结伴同行。日本的老年人应该出来走走，看看外面的世界，吃吃美食，更好地享受余生。

从退休后的六十岁开始，从某种意义上说，就进入了充分享受生活的时期。不用去公司上班，碰不到讨厌的社长和董事，也不受企业伦理的约束，跟什么样的人走在一起也不会被说三道四。一到退休年龄，真正意义上的自由自在、活泼奔放的生活时代就来临了，因此，应该尽情地享受这个时代。


### 钱是由我们这一代花光的

据说在二十一世纪初，日本的个人金融总资产大约为一千四百兆日元。特别是六十岁以上的人平均资产超过两千万日元。与此相比，三四十岁的人大多负债，手头上可以自由支配的资金不是很多。这样，六十岁以上的人拥有包括退休金在内的可观资产，是名副其实的有钱人，但问题是他们几乎不怎么花钱。

那么，他们是怎么做的呢？许多人只是把钱存起来，变成了秘藏的存款，因此，资金不外流导致消费低迷，这也成为日本经济负增长的主要原因之一。

事实上，日本的中老年夫妇在外出时，不太去高消费场所。丈夫觉得和妻子一起去家庭餐厅就可以了。妻子如果去了有点高消费的地方，得知一份色拉就要一千日元，一定会说"在家做的话，一百日元就够了，还是回家做吧"。总之，如果是老夫妻外出，就容易不花钱。

只窝在家里数钱，对日本经济而言，没有什么好处。尽管如此，老年人为什么不花钱呢？一听到这句话，大多数老人会说："需要养老。"就连金婆婆、银婆婆姐妹俩在参加电视节目，被问到钱用在什么地方时，也回答："为了养老。"

当然，为了老年生活舒适，需要储备一定的养老金，但是这种省钱的习惯，或许可以说是日本人的一大特点。

然而现在，我们应该摒弃这种思想，把自己的劳动所得全部用在自己这一代身上。尽管许多人抱着"需要养老"的想法，一味地努力存钱，但回过神来不难发现，即使有钱了，身体可能也动不了了。无论力气还是好奇心，都消失殆尽了。在这种状态下，即使有钱，也基本没有意义。不仅如此，这些金钱和其他财产，很可能成为引发子女为争夺继承权而反目成仇的种子。

钱，本来就无须留给孩子。应该留给孩子的是良好的教育、教养和丰富的感性。即使留下了金钱和其他资产，也不知道会在什么时候、被什么人拿走。教育和教养这类东西，即使小偷进来，也不会被偷走，所以更有价值。

不要再徒劳无益地存钱了。老人如果能贯彻积极意义上的享乐主义、玩乐主义，人生会更加精彩。过了六十岁，要尽可能地打扮得漂漂亮亮的，潇洒地游山玩水。自己赚的钱由自己花光，这种思想革命，对日本的老年人来说是必要的。

日本的总医疗费用大约为三十兆日元，其中老人的医疗费超过十兆日元。但是，如果让老年人充满活力的话，这个额度一定会大幅度减少。


## 养老院的爱情故事

二〇〇三年，我发表了以老年人的生活为主题的小说《复乐园》。为了写这本小说，我走访了几所养老院。

现在住进养老院的人，有七到八成为女性。男女平均寿命大约相差七岁，一般来讲，女性的结婚年龄要比男性小四五岁。妻子在丈夫去世后，一个人住进了养老院，这种情况很多，这种不平衡是理所当然的。

总之，这样的话，老爷爷就比较少。单纯从数量上来说，老爷爷会比较吃香。养老院也存在三角关系。围绕一位老爷爷，两位老奶奶展开竞争，这样的例子有很多。因此，现在因为不吃香而苦恼的年轻男性，当了老爷爷之后，也会受欢迎的。

人一老就会变得诚实。舍弃伪装，年轻时候的那种固执己见和装腔作势都没有了，纯粹地展现出一个人的天性。

当然，老奶奶就是上了年纪的女性，会表现出女性的强势和坚韧。与此相反，老爷爷本质上是懦弱的男人，虽然很倔强，但也容易感到寂寞和害羞。这样的老爷爷和老奶奶在养老院坠入爱河的事情并不罕见。

我所造访的那家养老院，经营者非常善解人意，只要知道两个人相爱，就会把他们安排在同一个房间。结果，这两个人马上都变得精神饱满了。那位经营者还说，无论什么年纪，爱情都会让人充满活力、返老还童。对于老年人来说，与其找蹩脚的医生看病，不如让他们谈一场恋爱，爱情会让他们更有精神。

话虽如此，但并非所有的经营者都这样善解人意。好像也有禁止老年人谈恋爱的管理者。

但是，最能遏制老年人谈恋爱的还是他们的家人。有位老人的家人告诉我，因为不知道跟他们家老爷爷交往的老奶奶是从哪里来的，所以让他们分开了。像这样棒打鸳鸯，多是因为老爷爷和老奶奶都有财产，其子女好像担心财产被对方抢走。

但是，恋爱自由。如果老年人自掏腰包住进养老院，其子女就不应说三道四。应该自由恋爱，自由花钱，享受自由自在的晚年生活。


## 写《复乐园》的原因

通过分析老年人的问题，我深切地感受到，即便同为老年人，也是千差万别。一二十岁的人，诸如"现在十几岁的人"或者"最近二十岁的人"之类，大体上能够用一代人来概括。可是，随着年龄的增长，到了四十岁、五十岁、六十岁后，就出现了个体差异，不能一概而论。当然，到了六七十岁，人就各不相同了。八十岁的人，有的已经去世，有的精神矍铄，相当活跃，情况千差万别。

我写《复乐园》的最大动机是，现在的日本对衰老的描述是非常封闭的，或者说是倒退的。我想，难道就不能把衰老当作更有意义、更有乐趣的事来对待吗？

日本人之所以对衰老持否定态度，也许是因为对养老院的印象。养老院给人的印象总体上是阴郁的、寂寞的。这是一个被家人抛弃的老人居住的场所，过去那种养老院的印象依然残留着。还有人固执地认为，养老院就是收容那些各方面都需要护理的残疾人和阿尔茨海默病患者的场所。

但是，我采访过的美国养老院完全是另外一种情况。特别值得称道的是，面向身心健康人士的养老院比比皆是，他们大都活泼开朗、精力充沛，正在享受生活。

在美国，针对身心健康人士的养老院如果是一栋房子，就设置一室一厅到三室一厅的房间布局，大家可以根据自己的喜好选择。还有许多酒店型养老院，很多人根据月租金多少，像出租公寓一样按月使用。而且，养老院自带的物件非常多。

日本人本来就不想离开熟悉的土地，而在美国，"我两年前在佛罗里达的养老院住过，现在在夏威夷的怀基基海滩愉快地生活"，这对夫妻完全就是度假的感觉。退休后精神饱满地去养老院。"走，玩去。"带着这样的心情走进养老院。实际上，夫妇俩还购买了一辆露营车，把旅游计划表贴在了墙壁上。

另外，美国社会基本上是"两人单位"，常常是成双成对的。当然有的是夫妻俩，而丧偶的也会另寻伴侣出双入对行动。就这样，无论什么时候，继续寻找伴侣的态度都不会改变。

更令人感到欣慰的一点是，在美国，健康的老人一定会成为志愿者。在身体健康的时候，老人会护理老人，打扫马路卫生，在社区投递邮件，无论如何都积极地跟社会接触，不窝在家里，积极走到外面。

日本的老年人动辄就猫在自己家的卧室里，吭吭地不停地咳嗽，一副通常所说的老态龙钟的样子，这种大门不出二门不迈的老人，只会让家里灰蒙蒙的，自己也会灰溜溜的。


## 脱离以往的共同体

话说回来，日本老年人为什么总想跟孩子在一起呢？

在美国，因为认可个体独立，所以父母与孩子的关系非常清爽。从走进养老院之前，亲子关系就是独立的，这种关系在走进养老院后并不会改变。和以前一样，保持着两三个月见一次面吃一次饭的简单关系，即使是亲属，也不会过分接近。互不介入，保持适当的距离，也许更有利于搞好关系。

但是，日本的情况是，孩子在小时候完全依靠父母，在父母的庇护下长大；父母上了年纪后又反过来了，完全依赖儿子、儿媳和女儿，似乎形成了这种默契关系。老年人走进养老院，好像是切断了这种黏黏糊糊的关系，会倍感寂寞。

不仅是孩子，日本人共同体意识强烈，重视家庭共同体、地域共同体，没有这个的话就会心无所依，好像失去了归属似的，会感到惴惴不安。

然而，为了度过愉快的老年生活，脱离以往的共同体是很重要的。不要迷恋原来的共同体、看家人的脸色行事，启程赶往新的共同体，结交新的朋友。而且，在那里不会因任何人而感到拘束，可以自由自在、快快乐乐地过日子。但在现实生活中，很多人都固化在以往的共同体和老朋友中。

## "为老不尊"才精彩

在思考不被以往的共同体束缚、晚年无忧无虑地生活时，想到了如果在城市的中心，比如像银座那样的地方，建造诸如现代乌托邦或伊甸园之类的设施，会怎么样呢？以那里为舞台，《复乐园》描绘了包括爱情、情欲和死亡在内的老年人的人间百态和悲喜剧。

这里最重要的关键词是"为老不尊"。

日本人深信，年龄在增长，心态在变老，或者说可以倚老卖老地安静退隐了。但是，随着年龄的增长慢慢地变老这类事情，是谁都能做到的毫无意义的事情。

与其如此，我倒希望老年人能够成为"为老不尊"的人。比如，一位七十岁的老奶奶，如果她穿着大红的礼服，就会被人耻笑，说她"为老不尊"。如果一位八十岁的老爷爷喜欢上一位年轻女子，就会被人说"为老不尊，赶快死心吧"。

然而，这种所谓的"为老不尊"是世人随意决定的事情。人不能活在世俗眼光中。大家都是为了自己而活，因此，老年人只要不给别人添麻烦，坚持自己的生活方式未尝不可。

现在年轻人的不良习性五花八门，老年人的不良习性却少之又少。如果六十岁以上的老年人都出来玩耍，也许年轻人的不良习性就会收敛一些。为什么这么说呢？这是因为"我家的爷爷奶奶都爱玩，他们都不在家，所以我必须回家"。总而言之，要成为让孩子担心的老人。

那么，怎样才能成为一个为老不尊的人呢？只要做与年龄不符的事情就可以了。"都这个年纪了，这样做是不行的。"不要有这样的想法，要用心做一个会被孩子说不好意思的人。

有一个叫"日本绒球"、平均年龄六十二岁的女子啦啦队。成员二十人左右，全都穿着超短裙队服，手持绒球，蹦啊跳啊的，精神饱满，朝气蓬勃，让人感慨万千。

某位成员的孩子说："丢脸。"不，丢什么脸呢？母亲永远年轻，做子女的不应该阻止她们尝试新事物。

大阪八尾市有一个"八老剧团"，成员全部是老年人，平均年龄八十一岁。剧本和音乐就不用说了，就连大道具、小道具也全部由他们自己置办，演奏节目包括《源氏物语》等，精彩纷呈，这也是一个绝妙的组合。

年轻的时候，迟钝是个问题，而过了六十岁，迟钝反而是一件了不起的事情。六十岁、七十岁、八十岁的人，无论做多么幼稚的事情，大家非但不会抱怨，反而会感到吃惊和佩服吧。

不管怎样，活出与年龄相符的生活，不受风浪的影响，是一件很轻松的事情。相反，持续做与年龄不符的事情，如果没有相当的精力和韧性，就无法坚持下去。随着年龄的增长，玩起来也会越来越困难。

大家读到这里，"尽管过了六十岁，也想生气勃勃地'为老不尊'地生活，但是担心经济能力……"，这样想的人会不会很多呢？

当然，美国老人晚年愉快生活的基本保障是养老金。跟日本比起来绝对不会多，美国最基本的生活物品价格比较低廉。

与之相比，日本的基本生活费过高。退休后想在日本生活的话，在那之前必须攒很多钱。

难道说日本不是福利国家吗？绝对不是这样的。最低限度的生活保障出乎意料地丰厚。现在，关怀之家和特别养护老人院等，正在优先考虑经济窘迫的人。

但是，如果只是厚待社会底层的人就可以了，那么许多人即使花钱也不能过上安心、快乐的晚年生活。在日本，为了让老年人过上不担心基本生活、充满活力的日子，有必要像电影院出售老年票那样，在各个领域制定老年人收费标准。


### 养老院宜建在闹市区

我参观了几家养老院，最大的感受是这些养老院几乎都远离市中心，其中有的地处远离人烟的地方，这样只会让那些年老寂寞的人更加寂寞。

确切地说，养老院应该地处城市中心区域。理想的地方应该是像银座那样繁华的地方。

曾经有人在美国的亚利桑那州建造了一个只有老年人的乌托邦，后来有报告显示，那里出现了许多阿尔茨海默病患者。无须看这个报告就明白，上了年纪的人自身行动迟缓，成天跟与自己一样的人在一起，过着安逸的生活，很容易糊涂。因此，年龄越大越需要刺激。

从这个意义上讲，在繁华热闹、朝气蓬勃的地方建养老院是最理想的。如果在银座建一家霓虹闪烁的养老院，不仅老年人愿意住进去，年轻人也会将其视为年老之后的理想去处。在《复乐园》中，我设想的"复乐园别墅"位于银座，那的确是个理想场所。

但是在现实中，有人指出像银座这样的城市中心根本没有这样的地方，但也不是绝对没有的。

比如，银座有一所叫 T 的公立小学，现在因为"炸面圈现象①"，学生数量减少了很多。

我想，如果把学校停办了，在那个地方开设一家养老院的话，那就太理想了。如果有地处银座那样的闹市区的养老院，孩子们去起来也很方便，即使在下班路上，也能够顺便去问候

---

① 炸面圈现象：城市周边发展成圆形密集的住宅区，中心区域常住人口减少的现象。

一声"奶奶，还好吗？"。最要紧的是，闹市区的热闹刺激，能够让老年人变得精神矍铄、神采飞扬。

也许有人会说城市的中心空气不好吧，然而，又不是人生开始的三四十年。虽然多少有点混浊的空气，但刺激、精彩的生活能够让人充满活力。如果无论如何都不能关停小学的话，那么可以缩小小学规模，在同一块土地上再建一家养老院。

老爷爷、老奶奶和小学生的组合，在解决小家庭问题的同时，老年人应该能享受到与孙辈交流的乐趣，孩子们也会受益匪浅。


## 恋爱是长寿之本

"复乐园别墅"的选址非常理想，而且经营者是一位有自己想法的有钱人，这一点也合乎理想。不管发生什么事情，他都会说："那又怎样？"提倡以积极向上的精神状态生活。当然，恋爱也要抱着这种态度，请大胆地去恋爱吧。

这样说是因为恋爱中的老年人都很健康。这也未必是因为有性生活，两个人依偎在一起，肌肤相触，握一握手也是可以的。恋爱中的心情舒畅和两情相悦的亢奋都能促进血液循环。一切疾病的根源在于血液循环不畅，血液循环通畅是全身健康的根本。而且，上了年纪的人患病，原因大多是精神方面的，所以，因为安逸和信赖，因为有了爱情，疾病本身也容易痊愈。

正如前文所说，现在日本老年人的医疗费超过十兆日元，全体国民的医疗费约为三十兆日元，他们占用了三分之一多。如果老年人因为恋爱而变得健康长寿的话，医疗费用就会减少。为什么这么说呢？这是因为长寿的人基本上不会长期患病。一个人如果五十岁左右患重大疾病的话，就有可能没完没了地患病，而超过八十岁，就不大会出现这种情况。

就像人们所说的："听说感冒了，第二天就去世了。"高龄死亡基本上不怎么花医疗费。这样离开世界，不仅是国家，就连陪护的家人也不用承受太多的负担。

二三十岁时在公司等场合都被禁止谈的恋爱，上了年纪后就会变成值得鼓励的东西。

这个时候，比较在意的是容颜的衰退。这对于男女来说都是无法避免的，男人不管什么岁数，都喜欢年轻貌美的女人。不过，对于那样的老爷爷，或许可以跟他们说："请对着镜子好好看看自己的脸吧。"与此相反，老奶奶倒是不那么在意年轻男子。当然，她们也喜欢年轻英俊的男子，但是羞于自己已经年老色衰，更善于发现对方容貌以外的魅力，所以会很干脆地向与自己年龄相仿的老爷爷敞开心扉。

那么，接下来涉及如何确立恋爱关系的问题。由于存在竞争，总的来说似乎大多是老奶奶积极主动。一边说着"今天好冷啊，不要紧吧？"，一边走进自己喜欢的老爷爷的房间，在给老爷爷围上护膝的时候，就在老爷爷的房间里待着不走了，慢慢地两人就在一起了。

相反，老爷爷即便有了喜欢的老奶奶，也只是在对方的房间前转来转去的，不管多大年龄，男人都是笨拙的，说得好听点，或许可以说是纯情吧。

## 老年人丰富多彩的性

一般认为，高龄老年人之间的爱情，与年轻时相比，在爱情表现和性生活等方面，情况会有很大的差别。

就我所采访的情况来看，一般来说，老年人的爱的表现比较含蓄，他们不会在嘴上说"喜欢"或者"讨厌"，也不会发生直接拥抱、接吻之类的情况。比如，如果心上人的护膝掉了，就捡起来给他围上；轻轻地帮他梳理凌乱的头发；凑近身子小声地说话。稍微用点心，两个人就会心有灵犀一点通了。

另外，即使没有直接的性行为，也可以握握手啦，一起侧身躺着抚摸后背啦，轻轻拥抱啦，通过相互接触，心理上获得了满足。老年人会不会有性行为呢？有些人对这一点饶有兴趣，但这并不是大问题。

我所采访的一位老人说，老年人的性更加丰富多彩。他说，年轻的时候，只是热衷于性爱，上了年纪之后，精神上的交流成为中心，反而能够充分感受到彼此之间的心灵相通。

事实上，女性也不一定要求做爱，很多人认为温柔地亲密接触就足够了。即使是年轻女性也一样，许多人说，比起性行为本身，很多人更喜欢温柔地肌肤相亲。从这个意义上说，女性是抱着同样的心情慢慢变老的，到了老年，男女双方才以柏拉图式的爱情聚在一起。

## 老了也要达到目的

老年人虽说是老年人，但并不都能安静地度过余生。在《复乐园》中也是这样的，有因心胸狭窄而暴毙的男子，有思考在自己患癌症死后如何将遗产回报社会的女子，围绕着生、死和爱，展开了悲喜交集的人生。

老年人似乎有两种类型，一种是年老后变得非常具有进攻性，另一种是一味地消极被动、逆来顺受。一种人因为余生短暂而决定挑战剩余的人生，另一种人则因为上了年纪而老老实实地等待死神召唤。当然，也有很多人居于两者之间，我想在这里对这两种生活方式进行思考。

前一种类型的人，从数量上来说似乎很少，但他们希望在人生的最后阶段彻底地燃烧自己的生命，所以会全身心投入到人生未竟之事，比如工作、恋爱。也有人发挥自己的兴趣爱好，在体力好的时候爬爬山，或者迷上了相机，成天外出，希望在有生之年把喜欢的风景拍成照片。

有趣的是，若需断定这两种类型孰优孰劣，觉得余生短暂而完全燃烧型的人，正因为意识到了人生的目的，所以健康长寿。他们觉得余生短暂，在拼命地做各种事情的过程中，又发现了新的可能性，能够品味生命的真情实感。相反，觉得都一把年纪了、垂垂老矣而虚度光阴，就会迅速衰老。

人生最后十年或二十年的生活方式，决定了这个人一生的精彩与否，正因为其掌握着决定性的一票，所以要对晚年生活进行更加认真的思考。

现在，我们生活在急剧变化的二十一世纪。从来没有哪个时代像现在这样，"进步的东西"与"不进步的东西"截然分离开来。在这个瞬息万变的时代，特别是在现代医学与现实的夹缝中，应该如何思考，如何生活，我尝试着在书中进行了阐述。

我自己感觉到进步的东西，有电脑和手机等。这些设备给我们的生活带来了难以置信的便利。但是，有时我们也会产生疑问：我们是否很好地利用了这些设备，并在真正意义上给我们带来了好处呢？

数字化给人类带来很大的便利。正因为如此，这也是一种积攒压力的东西。

在工作方面，以前都是先与对方见面，建立相应的信赖关系，在此基础上开展工作。但是，现在是邮件和传真优先，许多工作不用见面就可以完成。而且，即使对方具有很强的事务处理能力，也比较理性，但面对面的交流更能让人安心。

不管怎样，习惯了没有心灵交流的机器世界的人们，现在对人与人之间的交流感到压力，对与活生生的人对话感到痛苦，这是个问题。

如果再这样发展下去，感情和情绪等自古以来人们丰富生活所必不可少的东西，就会变得更加稀薄了吧。

现在，人类也许已经不了解人类了。

这样写，也许有人会表示疑惑："为什么呢？"我反问他："那么，你非常了解你自己吗？"一定是仍然持怀疑态度。

说这话的我也不太了解自己。或者说，对于对自己的观察有多深，说实在话，我没有自信。

我觉得像这样不了解自己的人很多，最大的原因似乎就是过剩的信息泛滥。明明是为了了解自己和他人而获取的信息，却因为信息太多而变得不清楚，这或许是实情。

啥也不清楚的时候，重要的是回原点。因此，要尽量掌握避免压力的方法，以自然的状态生活。前文再三强调过，"健康的人是迟钝的人"，而且"健康的人是没有任何感觉的人"。这是非常了不起的。

暂时抛开烦琐的信息和复杂的数字，了解自己是什么样的生物，想要什么。回到这个基本点，尝试着比昨天活得轻松一点吧。这样的话，也许明天会更加轻松。所有的事情，都不要太认真地去想，柔软而坚韧，把好人生的方向盘。